不将就的餐桌

食物是生活美学的开场白

霍萍 李非 著

北京科学技术出版社

PERFACE 自序

2015 年 3 月以前，我是一个媒体人，大学 4 年学新闻，毕业后从都市类媒体、时尚杂志、传媒公司，到国内最好的财经媒体，记者、编辑、广告、市场策划等，媒体界的核心岗位我都一一做过，也大都做得游刃有余。那 10 年，媒体职业曾是我最热爱的，也是最适合我的职业。

直到 2014 年的那个秋天，亲历媒体行业的一场巨大变故后，我开始重新思考职业的选择。那个时候，特别希望自己能亲手去创造些什么，完全靠自己的能力，不依靠平台，不依靠光环，不依靠资本，就是看看自己到底能做什么又能做成什么。

选择自己喜欢的，是我当时的决定。我追求自然、质朴、美好、健康、有设计感的东西，我热爱美食，尤其喜欢健康的美味。但我不是一个厨师，甚至连一个会做饭的人都算不上。恰巧那段时间最爱的食物是沙拉，我觉得沙拉对厨艺的要求不高，就开始自己学着做，在这个过程中收获了很多的灵感和成就感。我想，美食何不从沙拉开始呢？

于是我的第一个创业项目就从沙拉开始，我创办了"未满"这个品牌，先是做线上的沙拉，后来在北京实验性地开了"未满客厅"（目前已关闭）。作为一家以"食物美学"为主题的西餐厅，我不仅仅关注食材的选择，对食物品质提出近乎严苛的标准，还很看重整个餐厅氛围的营造。我把空间定义为"客厅"，从家具的选择到一整面干花花墙的打造，从每一个盘子的选择到那些从旧物市场淘回来的器皿，我想为进店的每一位客人营造一种舒适、温暖、亲切的家的氛围，而不是一间冷冰冰的正统西餐厅。最有意思的是，在这个有限的空间里，我们通过变换布景、器皿、食物设计等不同的手段，营造出不同的氛围，打造了多场深受客人喜欢的派对活动。

客人在这里用餐而收获的所有体验，我都希望不光能用眼睛看见，还能用心去感受。开餐厅的那两年多是我最累也最努力的时光，我常常是在餐厅待得最久的那个，大情小事都亲力亲为。因为第一次开餐厅，中间遇到的困难挫折多到可以单独写一本书，但是所有的困难都不在意料之外。一切都是全新的，无论是收获还是困难，那都是我以前所没有经历过的。也正是这个过程，让我对创业，更重要的是对食物，以及食物所传递的人与人之间的关系有了更加深刻的了解。

我最早对于食物美学的认知和理解，来源于台湾美学大师蒋勋，他有一个很重要的观点是：吃是认识美的重要开始。他说："我们一直说品味，谈到生活美学，最重要的是品味，西方叫 Taste，我们发现'品'、'味'都是在讲味觉，Taste 也是讲味觉、讲吃。所以我觉得'吃'真的是人类认识美的一个最重要的开始。如果吃得粗糙、吃得乱七八糟，其他的美大概也很难讲究了。"

未满的 Slogan 是"食物是生活美学的开场白"，未满客厅也是以食物美学为主题的餐厅。之前在公众号（ID: 生活未满）上写过一篇文章《当我在谈食物美学时到底在谈什么》，写完那篇文章，便有了出这本书的想法。食物是通往美好未来的一把钥匙，它是人与人之间、人与其他生命个体之间、人与大自然之间的一条连接纽带。吃什么，不仅体现了一个人的偏好，更是反映了一个人对待生命和自然的态度与价值观。后来因为餐厅的琐碎事务一直未能静下心来写作，但是这个念头一直在心里，直到 2017 年年底终于可以有大段的时间自己掌控，这本书才有了真正的进展。

李非是我的好朋友，因为食物结缘，去她那里吃了很多次饭，也见证了她的"非厨房"这一路的变化和进步。于是在开始写这本书的时候，我邀请她一起

3

来写食谱的部分。在这本书里，李非是我的采访对象，也是很多食谱的提供者，她的食谱在书中均有标注。李非更擅长中式和传统的食物，她对食物持之以恒的爱让我感动，感谢她让这本书有了更丰富实用的内容，"非厨房"的摄影师刘娇更是为这些食谱拍了很多的漂亮照片。

本书的食谱部分还要感谢原未满餐厅的厨师孙智强和丹尼，他们和我一起研发食谱，并最终将各个菜品尽可能最佳呈现。

本书的文字内容要感谢曾经在报社共事过的张启斌和龚雪薇，我邀请他们跟我一起在家闭关一星期，一起梳理文字，确认详细的写作思路。尤其是食谱类的文字，需要很强的耐心和细致度。那是一段美好的时光，我们一起做饭吃，一起碰撞出很多的灵感，并将它们呈现在这本书的每一个章节。还有之前在未满任职的文案书祎，她在本书最早的策划和提纲撰写中也付出了努力。而本书的图片拍摄除了我和刘娇以外，

也采用了未满工作室和餐厅之前邀请的一些摄影师拍摄的作品，他们是程程、Mao、Shadow、弥张、曹露、晓勇，在此一并表示感谢。

更要感谢孙爽——最初跟我建议要出这本书的图书编辑，她一遍一遍地催促，但又很理解我运营餐厅的琐碎和辛苦。即便中间我多次想放弃，她依然鼓励和督促我。她的执着使我下定决心一定要把这本书好好做出来。同时，感谢"有好东西"电商平台和我的好朋友 Pearl，在我们的食谱研发过程中提供了很多新鲜而又有特色、有品质的食材。

这本书，不仅关于美食和餐桌，更关于日常生活，关于人与人之间的关系和爱，是我对"食物美学"这一概念的理解和解读。全书分为六个章节，其中五个章节的观点和内容都搭配以相关的食谱。除了这些好吃好看的食谱外，也有餐桌布置、食物摄影、如何组织小聚会等实用性内容。

创作是如此美好的体验，无论是文字写作、图片摄影，还是食物制作，希望这本书，是对这些美好体验的汇聚和沉淀。它是一个尝试，也是一个全新的开始。

食物是生活美学的开场白，这不仅仅是一句品牌标语，更是我坚持的日常生活实践。也以此书作为我第一次创业的总结和致敬。感谢如此艰难又如此美好的 3 年，让我成为一个更好的自己，也开始懂得什么才是真正的爱，和生活。

2018 年 4 月

我们和食物的关系

霍萍和李非的对谈

霍萍：你从事与食物有关的工作多长时间了？

李非：2012年从第一个工作室开始，到现在已经快6年了，这6年其他的事儿都没做，就一直跟食物打交道。做酱料，做各种食物元素的研发设计等等。

霍萍：是什么样的机缘让你开始做这些的？

李非：家里人都是厨师，爷爷、爸爸、叔叔、大伯都是厨师，我从小就喜欢做菜，一直很想开一个小馆子做地道的北京菜。19岁的时候爸爸去世，那之后才有真正的想法并付诸行动，因为想把对他的思念复原到食物上，通过食物表达对爸爸的思念。对爸爸的记忆都是他做的菜，后来我才明白，我这么喜欢做食物，无论是开餐厅还是做工作室，都是想还原对爸爸的记忆。

霍萍：用一种什么关系来形容你和食物？

李非：食物是我的老师。到目前为止，我越发有这种感觉，我有很多感悟都是从做饭学来的。比如我花了很长时间练习和面，我的祖籍是山西，以前对和面没有什么特殊的感觉，觉得很普通。后来我研究面食，一年四季，同样的面粉对水的需求量是不同的，我对待它的手法和它给我的反馈也是不同的。再比如疙瘩汤，同样的水量一次都放进碗里，但在冬天和夏天，同样的水量、同样的手法、同样大小的水流打出来的疙瘩都不一样。这和做人做事儿是一样的道理，你付出什么，就会收获什么。

霍萍：如何看待食物对人和人之间关系的影响？

李非：从食物可以看出一个人的性格和处事方式。举个例子，一个外地来的女客人在我们的工作室住了一段时间，我们一起买菜、做饭，一起分享制作食物。一开始我们对她的很多用餐习惯都看不惯，后来才知道她对厨房收纳、食材保存，甚至用餐礼仪完全没有概念。为了拉近距离，我们经常坐在一起聊天沟通，陪伴她一同学习和感受食物带给生活的乐趣。在这个过程中，我们更加了解对方，关系也更加亲密。离开时，她很感慨，这些年从来都不曾关注过家人爱吃什么，饭桌上冷冷清清。

霍萍：印象最深的一顿饭是什么时候，和谁，吃的什么？

李非：我爸爸去世后第一年过年我做的第一顿饭。我妈在家哭，跟我说，每年过年都是你爸做饭，咱们今年过年没人做饭了。那是我第一次学着认真做一顿饭，以前从来没下过厨房。但那天我就在厨房里凭着我以前的记忆做出来了。红烧大虾、糖醋排骨，做得特别好吃。我和姐姐和妈妈一家三口一起吃了那顿饭。妈妈激动得哭了，那个时候我才觉得厨艺也是有遗传的。

霍萍：最喜欢的食物是什么，形容一下它的味道？

李非：最喜欢吃白菜，白菜里有绿叶菜和根茎菜里都有的鲜甜味儿，放不放调料都

好吃。我们家小院儿最喜欢吃的一道菜是锅塌白菜。切下来不要的白菜帮铺在锅的最下面，不放油，等白菜出水，再放一层白菜帮，再放叶子，会蒸出一碗白菜水。

霍萍：关于食物，无论是工作还是生活，最理想的状态是什么？

李非：在从事食物有关的工作中，希望能创造更大的社会价值，我很想做更多的健康调味料，也能教给大家更多快手的菜谱、更营养的搭配。每天吃自己做的食物，旅行的时候或去别的餐厅感受和体验新鲜的食物也是一种美好的感受。

李非：你从事与食物有关的工作多长时间了？

霍萍：不到 3 年。但喜欢了很多年。以前只是看和关注，3 年前才开始真正做。

李非：是什么样的机缘让你开始做食物有关的工作？

霍萍：应该是在报社上班的时候才开始认真思考"吃和食物"这件事情，那时候每天中午跟同事都会发愁吃什么，因为自己不做饭，周边的餐厅好吃又健康的不多，再加上那几年食品安全问题频繁发生，所以我就想，如果以后能自己创业做事情，一定做跟食物相关的，这样首先能让自己吃得更健康。

李非：用一种什么关系来形容你和食物？

霍萍：亲密但不健谈的朋友。我做饭的时候很专注，处理食材的过程就好像在跟它聊天，也是一种跟自己对话的过程，又没有任何压力，要是没处理好它，比如把某种菜炒糊了，我会跟它说对不起。

李非：如何看待食物对人和人之间关系的影响？

霍萍：很多人要见面聊事儿，或者要处

理问题，可能都会说，约个饭吧。其实往往这时候，约的不是"饭"，而是那个"时间"。这种时候吃什么并不重要，食物只是个媒介。通过吃饭这件事儿，可以短暂地拉近人和人之间的距离，这个时间段，我跟你在做一样的事儿，而且吃的是同一个盘子里的食物。但是我比较喜欢那种认真的吃饭，这个时候，跟谁吃就很重要了。两个人边吃边聊，分享对于盘中食物的感受，吃饭时还是放松一些吧。

李非：印象最深的一顿饭是什么时候，和谁，吃的什么？

霍萍：在西来禅寺的第一顿饭。去年 4 月我去成都西来古镇参加一个 10 天的禅修项目，纯素食，但不是那种清汤寡水的素食，非常丰富，每一餐的五谷杂粮、蔬菜水果都搭配得非常好吃。吃饭时止语，饭前饭后都要供养祷告。那半个小时的时间里，你的生命里只有食物和自己，没有手机，没有聊天，没有任何打扰，嘴巴和心都在细细品味着每一种食物的味道，馒头是小麦的香气，胡萝卜香甜清新，白菜花是那种有点儿软又有点儿脆的独特口感，每一种食材都有自己特有的味道，像一个个美妙的音符，这顿饭也影响了我以后吃饭的习惯，吃得比较素，尽量专注地享受食物。

李非：最喜欢的食物是什么，形容一下它的味道？

霍萍：没有最喜欢的食物，禅修之后几乎全素食，喜欢一切健康的谷物，比如薏米、黑芝麻、核桃等。蔬菜和水果也都很喜欢。就是那种很自然的味道，让人有很强的幸福感。

李非：关于食物，无论是工作还是生活，最理想的状态是什么？

霍萍：进行更多关于食物的创作，无论是食物本身还是其衍生的东西，也希望对食物的这种热爱能践行到生活的每个方面。出去旅行或者去餐厅吃饭，既能好好享受那一餐，又能获得很多创作灵感。

在舒适美好的环境里，

怀着对食物的满心期许，

看着盘中经过用心设计呈现的美食，

闻着食物经过烹制后散发的美妙香气，

隐隐还有一点儿花香，

听着正合情境的音乐声响起，

又或是大自然的风掠过叶子摩挲的声音，

偶尔间杂着餐具轻碰时悦耳的清脆声，

感受椅子的舒适、桌布的柔软、刀叉的温凉，

以及食物送入口中微微的刺激与愉悦，

尝着食物在口中化开时绽放出的味道，

鲜美的、柔嫩的、咸香的……

这是我对食物美学所能呈现出的最佳想象。

第二章　那些绝妙的食材搭配   56

第三章　好看和好吃一样重要   80

CHAPTER 1
第一章
THE BAUTY OF FOOD FROM INGREDIENTS
从食材开始感受食物之美

「从食材开始感受食物之美」

THE BAUTY OF FOOD FROM INGREDIENTS

除了品尝食物时追逐美味的天然本能，想要更进一步地感受食物之美，亲自下厨同食材打交道无疑是最好的选择。

台湾美学大师蒋勋曾提到，美学其实是一种感觉学。食物美学，可以视作是生活美学里的一个分支，它与食物有关，与感受有关，更与这种对食物感受的生活方式和态度有关。

看美食节目时，我们经常听到美食专家对一道美食发出"色香味俱全"的评价，而这也往往是我们在生活中给予一道美食的最高评价。"色香味"即是视觉、嗅觉、味觉的全方位感受，从而最终达到的心理上的"幸福感"与"满足感"。

在舒适美好的环境里，怀着对食物的满心期许，看着盘中经过精妙设计呈现的美食，闻着食物经过烹制后散发的美妙香气，隐隐还有一点儿花香，听着正合情境的音乐声响起，又或是大自然的风掠过叶子摩挲的声音，偶尔间杂着餐具轻碰时悦耳的清脆声，感受椅子的舒适、桌布的柔软、刀叉的温凉，以及食物送入口中微微的刺激与愉悦，尝着食物在口中化开时绽放出的味道，鲜美的、柔嫩的、咸香的……

所有的这一系列要素，经过精巧的设计和组合，才能营造出食物美学带给人的那种立体的、全面的、愉悦的美妙体验。这一切的铺垫，都是为了让我们调动起全身的感官，去发现食物的美，去感受它们最美的时刻。对美食的感觉会唤起的我们对美的敏感度，能让自己感觉到最美好的时刻。

我所理解的"食物美学"，正是源于此，是经由食物本身、环境衬托以及用餐过程所带来的各种美好体验和审美感受。

入口的食物，是感受食物美学最直接的媒介。或许就和喜欢的工作、喜欢的生活、喜欢的人一样，对食物的审美偏好，每个人都有自己的口味和风格。找到自己喜欢的工作、喜欢的生活、喜欢的人可能要花些力气，但找到自己喜欢的食物，似乎就容易多了。究其原因，大概是对于吃这件事情，我们更加勇于尝试！

除了品尝食物时追逐美味的天然本能，想要更进一步地感受食物之美，亲自下厨同食材打交道无疑是最好的选择。从食材的选择、处理到料理，从了解食材原本的特性到了解如何搭配及什么时候适合用，从基础的味道到它们背后的故事……试着更深入、更立体地去感受和了解食材之美，研究这些美味是如何被打造出来的，食物在厨房里就变得更加生机勃勃，厨房也因此有了令人着迷的魅力。

去了解，去感受，才知道如何更好地使用食材，了解食物。

01

新鲜食材，
带着阳光和泥土的气息

食物的制作和食材选择直接相关，这是一切美味的起点，也是根本。

"菜在地里生长，果实挂在树上"，这样美好的画面，是我们对食物最初的记忆，也是最美好的想象。无论是蔬菜、水果，还是肉类，新鲜是保证美味的根本。只有散发着生命活力的食材，才能够拥有令味觉满足又令心情愉悦的味道。

6 点钟去菜市场亲自挑选的蔬菜，驱车50 公里去郊外的农场亲自摘回的无花果，它们都带着阳光和泥土的气息，让人深陷其中无法自拔。与超市里紧绷着保鲜膜的整齐肉料和蔬果相比，市集上的食材新鲜多了，人也有范儿多了，一个个都鲜活淋漓。要是能直接去地里采摘，那更是朝气蓬勃、神气十足。

3 年前我从报社离职创立了食物美学品牌"未满"，从风物主食沙拉开始，自己亲自去做餐饮的时候才知道，有时候决定味道的不止是厨艺，开始的食材就基本决定了菜品的味道。

FRESH
INGREDIENTS,
WITH SUNSHINE
AND SOIL

比如沙拉，大家可能会觉得沙拉是操作简单、要求不高的食物。但简单不代表敷衍，简单只是指它的烹饪方式，事实上沙拉对食材的品质和新鲜度要求非常高，每一种食材、调料、酱汁的特性和它们之间的搭配也都非常讲究。有时候在外面的餐厅吃的沙拉味道平平，可能大多数原因都出在便于管理的"提前备货"和"标准化"，而很难做到使用"当天最新鲜的食材"。

在设计沙拉食谱的时候，我可能做了有几百款沙拉。可以说，正是因为沙拉这道看似简单的菜，让我对食物和料理有了全新的认识，也让我对食材保有更高的敏感度。

对我而言，拥有无限可能的沙拉依然代表了所有关于食物的美好信仰。就像排列组合的过程，用任何食材都可以搭配出千变万化的味觉和视觉体验。而最重要的是，它代表了一种克制的饮食态度，用简单的烹饪方式，就能满足对味道、健康和美感的所有要求，让人回归到身体最基本的需求。

很多人问我做沙拉的秘诀时，我都会说："只要食材选得够好、够新鲜，那么大抵不会难吃。"

我始终相信，只要选对食材，依着食材的特性搭配，并且保证新鲜，就会遇见食物最美味的样子。

这一节里，介绍两款属于夏季的沙拉，它们对食材的新鲜要求达到最高级别。

Watermelon salad for summer
夏 日 西 瓜 沙 拉

INGREDIENTS
食材

西瓜 100g

哈密瓜 40g

蓝莓 15g

树莓 20g

苦苣 40g

羽衣甘蓝 40g

开心果 10g

核桃 15g

酱汁部分

酸奶 50g

橄榄油 5g

蜂蜜 10g

柠檬 5g

黄瓜 15g

西瓜是最能体现夏日清新感的水果, 圆润光滑的墨绿瓜皮, 包裹着水嫩的粉红色果瓤, 果汁甜美生津。无法想象没有西瓜的夏日该如何度过。

"未满" 刚成立的那个夏天, 计划做一款应季的沙拉, 一直喜欢的生活方式杂志《KINFOLK》那一期推出的夏季刊正好做的是 "粉红成趣" 的西瓜专题。我们一拍即合, 携手推出了一款夏日西瓜沙拉, 一起拥抱夏天。

这道夏日限定的西瓜沙拉里, 有着明亮色彩的各色食材依次排开, 粉红的西瓜小姐们慵懒地躺在羽衣甘蓝上, 宣告着自己毋庸置疑的女主地位。新鲜的苦苣配上烤核桃仁的香气, 酸酸甜甜的树莓, 是小时候的味道。蓝莓的加入让味道更加清香, 缤纷的色彩相映成趣。轻装上阵, 拥抱这个季节给我们的奖赏。

HOW TO MAKE
制作步骤

① 将哈密瓜、西瓜切成小方块。

② 核桃烤熟, 开心果去壳。

③ 苦苣和羽衣甘蓝打底, 将西瓜、哈密瓜、蓝莓、树莓、核桃、开心果依次铺上。

④ 淋入酸奶黄瓜酱汁拌匀。

*酱汁做法:
① 黄瓜去皮去瓤切碎。
② 酸奶中加入蜂蜜、橄榄油、黄瓜碎、柠檬汁 搅拌均匀。

KINFOLK 四

Wonder Mix
salad

Enjoy your
salad
Enjoy your
life

NO. 08 Summer

KINFOLK 夏日西瓜沙拉

ing Life Less Seriously

Fig and purple grape salad
无花果紫葡萄沙拉

INGREDIENTS
食材

玫瑰香葡萄 60g

无花果 2 个

红糯米 15g

黄瓜 15g

腰果 10g

紫甘蓝 20g

红菊苣 10g

生菜 30g

苦苣 20g

酱汁部分

酸奶 50g

橄榄油 5g

蜂蜜 10g

柠檬 5g

薄荷 2g

我小时候很长时间都住在林场里，爸妈经营着一个很大的葡萄园，有巨峰、玛瑙、龙眼等多个品种的葡萄，而我最爱的是盛夏生长期不长但皮薄肉甜、有着特殊果味的玫瑰香葡萄，摘下饱满的一串丢进冰凉的水里冰镇，然后一颗颗满足地吃掉，那是童年回忆中抹不去的美好画面。

而夏秋之交的无花果，仿佛是把太阳藏进腹中才变得通红。新鲜的无花果，皮薄无核，肉质松软，风味甘甜，又带着些微微的酸。

两种好吃的水果放在一起吃，竟然丝毫不影响对方的味道，反而相互映衬。再搭配上清爽的紫甘蓝和黄瓜丁，光是气味就芬芳袭人。蒸熟的红糯米可以用来补充身体的能量。

HOW TO MAKE
制作步骤

① 红糯米浸泡过夜，加一点点橄榄油蒸熟，铺开晾凉。

② 黄瓜切成小块，紫甘蓝切丝，无花果切瓣。

③ 生菜等沙拉菜打底，淋入酱汁拌匀。

④ 依次铺上腰果、开心果、葡萄、无花果等食材。

*酱汁做法:

① 薄荷叶切成丝。

② 酸奶中加入蜂蜜、橄榄油、薄荷叶、柠檬汁搅拌均匀。

recipes

9

02

合适就好，
不必迷信高级食材

FIT, INSTEAD OF
PREMIUM
———

食材除了新鲜，还要适合。

世界上食材品种那么多，什么才是最合适的呢？要想让食材为己所用，首先要下功夫认真品尝和了解。只有通过舌头去品尝，清楚地认识食物，才是掌握它的开始。

就拿最常见的生菜来说，不同品种的生菜口味差异很大。要做沙拉，以水分充足的罗马生菜口感最佳；芝麻菜又叫火箭菜，尝起来微苦但又有一种特殊的清香，口感最好的是小叶芝麻菜；苦苣的苦味较重，有些人不能接受，我却十分偏爱，使用里面最嫩的部分，一般呈鹅黄色，吃起来非常清新；紫色系紫菊苣和紫甘蓝其实营养非常丰富，紫菊苣用手撕，去掉根部白色部分，紫甘蓝切成丝；羽衣甘蓝维生素含量丰富，口感偏硬，也有苦味，喜欢程度因人而异；小菠菜季节性强，越嫩口感越好，配上芒果和鸡肉，味道出奇的好。

李非经常在祖国大江南北寻找风物食材，还经营着一个很关注食物和人的关系的

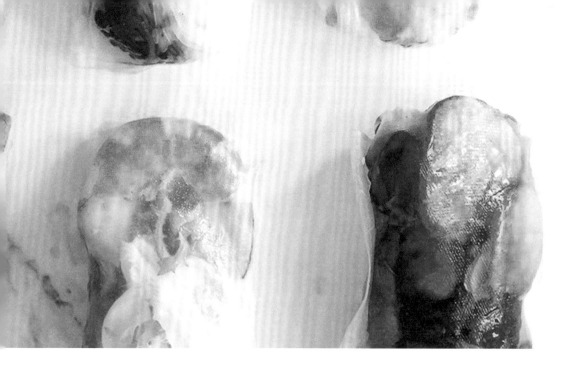

"非厨房"。若论对食材的了解和料理食物的心得，我认识的人里面数她最有故事。我也经常向她请教她一些食材和料理的事情，和她一起设计一些食谱。她说，做菜不要记克数，不要记配方，要记原理，要知道食材在食物中扮演什么角色。

真正下厨房的时候我们就会发现，亲自去挑选和品尝食材，发现食材本质的美，读懂了它，哪怕是最普通的食材，通过用心的烹饪，也能呈现食物最美好的状态。

千万别走向另外一个极端，就是过度迷信高级食材。如果不是因为我们试过真的好，再怎么高的级别和产地，也仅仅是个标签。

开餐厅时和我搭档的主厨也是一个对食材挑剔到近乎执拗的人，以牛排为例，不下10家进口肉类供应商的货从来没有让他满意。牛排以黑牛为首，为了追求最好的口感，他从北京的东北角，到北京的西南角，跨越整个城市，每次都是亲自去冷库里挑选，才找到令他满意、也令食客赞不绝口的牛排。他说，他只相信自己看到的、用过的、尝过的。

我清楚地记得，在问及每一种食材时，他都会很认真地跟我分析这种食材属于哪一科属，味道、性能是怎样，与什么食材搭配会产生怎样的味觉效果。每次介绍完他都会说："你尝一尝，要尝了你才知道，想要做出好吃的一定要尝。"

是啊，每一种食材都具有独特的生命力，正因为如此，吃进身体里的食物才能够发挥它的生命特性而给予你营养和能量。

这一节，我们来看看南瓜、番茄、各种时令蔬菜、咸蛋黄等最普通常见的食材，通过创意的料理方式能产生什么样的魔力吧。

Baked pumpkin and potato with cheese
奶酪焗南瓜土豆

INGREDIENTS
食材

南瓜 100g

土豆 100g

马苏里拉奶酪 100g

鲜迷迭香 5g

酱汁部分

蜂蜜 10g

橄榄油 20g

鲜百里香 2g

黑胡椒 3g

海盐 适量

李非：我骨子里就是喜爱南瓜的，小时候妈妈常用南瓜做窝窝头，现在想来都口水直流。这道焗南瓜土豆做法非常简单，只需简单的调味料，就能做出令人难忘的味道。南瓜鲜甜的口感经过蜂蜜的润色后更加突出，挖一大勺送入口中，瞬间就化了。吃着南瓜说笑着，便是我记忆中最幸福、最温馨的一幕。

有些品种的南瓜口感又糯又滑，连皮和瓤都好吃，而有些品种皮的口感偏涩，制作时需要去皮去瓤。

HOW TO MAKE
制作步骤

① 将南瓜和土豆切成片。

② 蜂蜜、海盐、黑胡椒、橄榄油、百里香混合成调料汁。

③ 把南瓜片和土豆片用调料汁拌好。

④ 颜色相间地把食材按照盘子的样式铺好。

⑤ 烤箱预热，盖锡纸 180℃烤 50 分钟。

⑥ 揭开锡纸后放入马苏里拉奶酪，再撒上迷迭香，再烤 10 分钟即可。

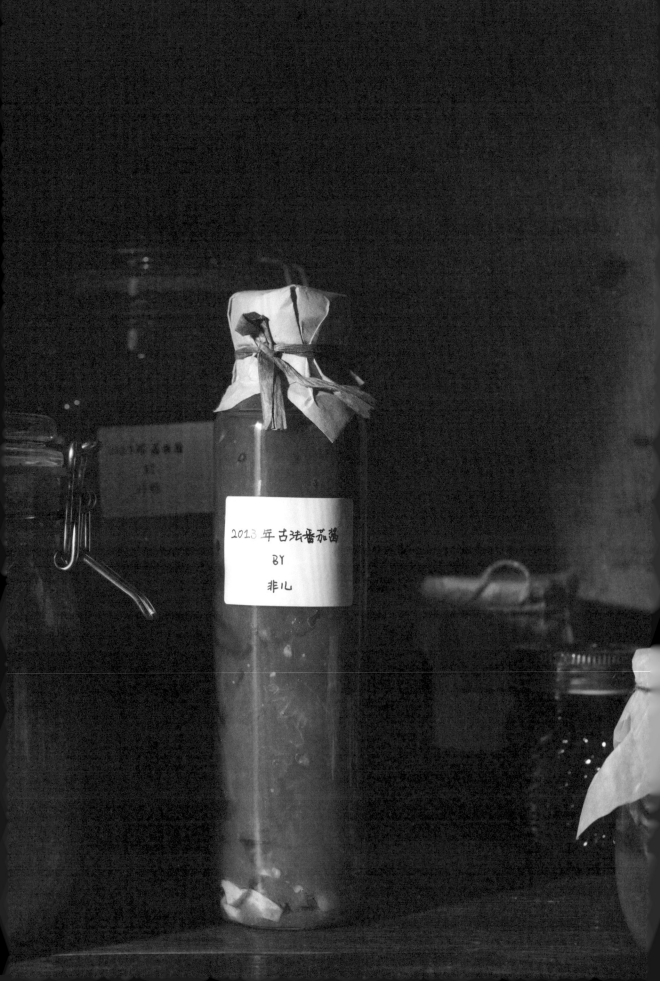

2013 年 古法番茄酱

BY

非儿

Handmade ketchup
番 茄 酱

INGREDIENTS
食材

番茄 500g

白酒 10g

白糖 5g

李非：虽然现在市面上番茄酱种类繁多，但我钟爱的还是用最传统的做法做成的番茄酱。小时候大家都抢着要单位医疗室里的输液瓶，而且一定要带橡皮塞的，用来煮番茄酱。玻璃瓶子放在沸水里煮，容易炸开。每到家里煮番茄酱的时候，都能听见"砰砰砰"瓶子炸裂的声音，"幸存"下来的番茄酱更显珍贵。现在早已不用输液瓶，但番茄酱的制作方法仍保留了下来。

做番茄酱一定要用夏天自然熟的番茄，冬天大棚种植的番茄风味尽失。做好后密封保存，可以放很久，我家里留存的一瓶已经 4 年了，颜色依然鲜红。

HOW TO MAKE
制作步骤

① 将用到的所有锅具和玻璃瓶都用热水消毒，擦干，保证无油无水。

② 番茄放在热水里烫一下，去掉外皮和蒂。

③ 将白酒、白砂糖和番茄放在锅里，捣碎。

④ 玻璃瓶里装入八分满的番茄酱，摇晃一下，拧好盖子，但不要完全拧紧，这样便于蒸的过程中空气可以排出去。

⑤ 将玻璃瓶立着放入锅中，大火蒸 15 分钟，关火，继续在锅中静置 8 分钟。

⑥ 将瓶子小心地从锅里拿出来，拧紧瓶盖，迅速倒置放在一边。等全部凉透后正置过来就可以自然密封，存放于冰箱即可。

recipes

Roasted seasonal vegetables
烤时令蔬菜

INGREDIENTS
食材

番茄 100g

大蒜 50g

鲜百里香 7g

鲜迷迭香 10g

黑胡椒 5g

羽衣甘蓝 50g

芦笋 80g

菜花 50g

洋葱 30g

土豆 60g

菠萝 100g

黄油 50g

玫瑰海盐 10g

威士忌 10g

烤蔬菜是最适合素食者的料理之一，做法简单，口味却很丰富。也很适合多人聚会食用。

各色蔬菜洗净后切块，满满地铺上一盘，高温能让蔬菜保存香气，同时也能阻止水分的流失。人多的时候，还可以串成一串，把蔬菜切块依次排开，中间穿插些许水果。家里能用的食材尽情用上，蘑菇、尖椒、柿子椒、圆白菜、金针菇、茄子、苹果、香蕉，这些都是非常适合用来烤制的食材。

朋友相聚之时，主菜未上之前，来一盘香喷喷的烤蔬菜，既开胃又有趣。

HOW TO MAKE
制作步骤

① 将各种蔬菜洗干净，擦干水分。

② 洋葱，大蒜和土豆横向剖开，菜花掰成小朵，菠萝切片，芦笋切成段，羽衣甘蓝掰开。

③ 锅里放入黄油加热，再放入百里香、迷迭香，土豆和大蒜煎到上色。

④ 再加入剩下的食材，撒上玫瑰海盐，翻炒加热 1 分钟后关火 。

⑤ 把锅里的蔬菜（除羽衣甘蓝以外）放入烤盘摆好，推入预热 200℃的烤箱烤 20 分钟。

⑥ 取出烤盘，喷少许威士忌，放入羽衣甘蓝，继续烤 5 分钟。

⑦ 拿出烤盘，撒上黑胡椒和坚果装饰即可。

小贴士:
各种食材进入烤箱的顺序应该按照熟制的时间依次放入，这样整盘菜才会烤得很漂亮。

Bread with salted egg yolk and dried meat floss
咸蛋黄肉松面包

INGREDIENTS
食材

高筋粉 250g

奶粉 15g

牛奶 120g

细砂糖 35g

酵母 4g

盐 适量

鸡蛋 55g

红曲粉 5g

黄油 25g

馅料部分

蛋黄酱 50g

奶酪 200g

蔓越莓 20g

肉松 60g

咸蛋黄 80g

李非：于我而言，"食"为头等大事，每一餐饭，都需要认真对待，尤其是早餐，那是一天的开始。有时工作忙碌，没法悠哉地下厨，一碗粥配上肉松或是咸鸭蛋，便是简单不将就的一餐了。

不管吃过多少山珍海味，从小吃到大的咸鸭蛋和肉松，在我心里都占有很重要的一席之地。而关于咸鸭蛋，则以高邮的为上佳，汪曾祺在《故乡食物》中道出了我的心声：曾经沧海难为水，他乡咸鸭蛋，我实在瞧不上。除了配粥吃，咸蛋黄还可用在各色料理上，如粽子、月饼。烘焙坊里常见到肉松面包，却鲜有用到咸蛋黄，于是我突发奇想，为何不自己做一款美食，兼得二者之美味呢？

于是便有了这款咸蛋黄肉松面包，用了红曲粉来发酵，做出来的面包呈红色，十分好看。馅料除了咸蛋黄和肉松，还加了奶酪和蔓越莓，口感丰富且不腻。

HOW TO MAKE
制作步骤

① 将面包部分的原材料混合后，揉出筋膜。

② 基础发酵两倍大以后，分成自己想要的份数，静置 10 分钟。

③ 把蛋黄酱、蔓越莓和奶酪拌均匀制成奶酪馅。

④ 擀好面皮，依次包入奶酪馅、肉松和咸蛋黄，捏紧的收口朝下放在烤盘上。

⑤ 准备第二次发酵，大约 50 分钟。

⑥ 烤箱预热 180℃，烤 20 分钟即可。

小贴士：

① 酵母尽量不要碰到盐，否则影响发酵。

② 烤制中间加盖锡纸可以防止面包颜色过深。

③ 发酵时间跟发酵环境有很大关系，第一次发酵温度最好控制在 30 度，第二次发酵温度 38 度，湿度 80%，发酵的时间通常在 1-2 小时左右。

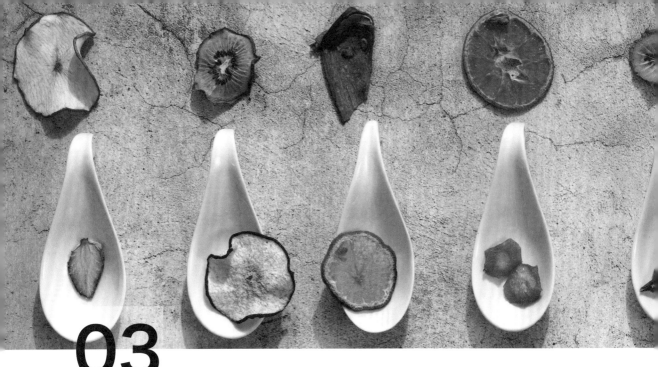

03

物尽其用，
不要嫌弃丑食和剩食

ENJOY LEFTOVER
AND UGLY
INGREDIENTS

记得以前逛菜场的时候，家长总会说："挑长得丑的食物，味道才香。"

可是在一切以颜值为准的年代，我们拿起的，却总是菜摊上最漂亮的食物。每天都有大量的蔬菜因为不符合审美而被抛弃，尽管在营养价值上它们并没有缺失。浪费的剩余食材让土地背上了沉重的生产负担，却没有实现对应的价值。

在"非厨房"里，我经常见证李非把各种食材边角料做成惊艳佳肴的奇迹。

她说，其实自己以前做饭时不觉得边角料丢掉有什么问题，有一次跟着一个大厨去一个餐厅，做出来的菜特别美，可是厨房特别乱，各种边角料都浪费了。她看着选走最嫩的部分后被抛弃的菜叶子，问大厨这些会怎么处理，听到大厨说"让阿姨打扫扔了"这句话之后非常难受，于是就说，"你给我一个小时，我来收拾"。然后她把不同的菜分类，装好袋子，袋子上写着"干净的菠菜，干净的白菜，希望有需要的人可以带走"。

回去之后，她便开始研究如何利用这些食材的边角料，这些剩料、丑食，比如做成包子、饺子的馅料，比如做成酱汁，等等，让它们重获新生。

食材如人生，把原材料用到完，就像人生的结束，也是一个小的循环。

在国际社会上，也早就有为丑食"平反"的声音和行动。从2014年"欧洲反粮食浪费年"开始，人们开始为丑丑的蔬果们"平反"，法国的超市集团Intermarché（英特马诗）推出"不光彩蔬果"的促销活动，英国连锁超市ASDA（阿斯达）叫它们"长歪的食物"，加拿大Loblaws（劳伯劳斯）

超市称之为"纯天然不完美"。服务于一家反食物浪费组织的英国男生崔斯特姆·斯图尔特先生办起了剩食派对，他们号召更多的组织和个人参与进来，通过发挥创意，将丑食做成令人喜爱的佳肴，从而减少浪费。

我的好朋友阿菜和衷声，他们创立的社会创新潮牌BottleDream（瓶行宇宙），就一直在倡导不浪费丑食、剩食，并做了非常多的活动。2017年，在与联合国粮食署一起举办的"不浪费，好好爱"为主题的"瓶行宇宙"社会创新活动上，他们还做了一个520人的巨型"剩食派对"，从十几家有机农场、有机食物供应商处搜集本要被抛弃的有机玉米、土豆、番茄、生菜等二十几种上千斤的食材，设计以剩食为原料的特色餐单。

把变形的黄瓜做成酱、把奇形怪状的番茄榨成汁、用长歪的南瓜做汤、把弯过头的辣椒切丝炒进菜里……有很多很多的办法，可以让丑食发挥它的作用。

是啊，谁说天然的食物一定要长得符合人类审美呢？这一节让我们看看长得不好看但好吃的苹果，做大餐剩下的海鲜蔬菜等边角料，弯弯曲曲的莲藕，以及没有那么水灵的各种水果，能做出什么样的美食吧。

007

Apple pie
丑苹果（苹果派）

INGREDIENTS
食材

黄油 100g
低筋粉 200g
糖粉 30g
蛋黄液 20g
盐 适量

馅料部分
苹果 570g
葡萄干 20g
红糖 20g
白砂糖 20g
朗姆酒 10g
盐 2g
淀粉 8g
肉桂粉 3g
肉豆蔻粉 2g

装饰部分
蛋液 10g

应该没有女生不喜欢吃苹果派吧？除了颜值高以外，它还是一道特别有疗愈作用的美食，在影视作品中的出镜率也极高。苹果有着许多美丽的故事，它是亚当夏娃偷吃的禁果，是砸在牛顿头上的万有引力灵感来源，甚至仅仅因为名字就被人们赋予"平安幸福"的寓意。

长得不好看的苹果有时候却格外的甜，再加上和肉桂的组合，口感刺激而奇妙，肉桂性热，吃下去感觉胃里暖暖的，心里也暖暖的。闺蜜间的小聚会，怎么能少得了苹果派？

这道苹果派之所以独特，秘诀在于肉豆蔻，肉豆蔻跟桂皮的风味很像，但又有些微小的差别。只需少许肉豆蔻粉，你的苹果派便与众不同。

HOW TO MAKE
制作步骤

① 低筋面粉过筛后，倒入冷黄油、盐、糖粉和蛋液，用手迅速揉搓，融合成小碎粒状，然后捏成一个团。注意不要过度揉捏造成面团起筋。

② 面团放入冷冻，1 小时后取出，室温等待 10 分钟后，用擀面杖擀成 一个圆形，平铺在烤盘里。用手指把面饼和烤盘服帖的按好，然后去掉多余的面皮，用叉子在面皮上扎一些小孔。

③ 苹果切成 1cm 的小方块，放入红糖、白砂糖、朗姆酒、盐、肉桂粉、肉豆蔻粉和葡萄干，将其拌好腌制 30 分钟。

④ 把苹果馅料倒入锅中，熬制 10 分钟，待苹果出汁后，均匀的撒入淀粉快速搅拌，待苹果馅料变得粘稠后关火，让馅料凉透。

⑤ 烤箱预热 180℃，把馅料填入饼皮。把多余的面皮擀成条状，交错铺在苹果派上，刷上蛋黄液烤 25 分钟取出。

⑥ 放在晾架上晾凉，放入冰箱冷藏后食用即可。

XO sauce
ＸＯ 酱

INGREDIENTS
食材

海米 200g

瑶柱 100g

火腿 50g

大蒜 200g

红葱 400g

冰糖 30g

辣椒 100g

盐 5g

生抽 20g

蚝油 30g

辣椒粉 100g

姜末 100g

白酒 30g

玉米油 700g

李非：这款 XO 酱的产生源于我们"绝不浪费食材"的理念。来自海边的渔民朋友每年都会给我们送来许多刚打捞上来的海鲜，每到收获的季节，整个小院里都是大海的味道。

但是海产品保鲜期短，每回都有许多剩余，我便把它们装好冷冻。到年底时，再把这些冷冻的海鲜全部翻出来，统一制成酱料，做成新年的伴手礼送给亲朋好友，温馨又特别。其实，正儿八经做 XO 酱成本很高，而这样用边角料做成的 XO 酱，就会像是意外之喜一样令人开心。

HOW TO MAKE
制作步骤

① 将海米和瑶柱先用清水泡软，火腿、大蒜、红葱、辣椒切碎备用。

② 将泡好的海米和瑶柱控干水份，放入火腿，拌入冰糖、盐、生抽、蚝油、辣椒粉和白酒，拌匀后放入蒸锅，大火蒸 30 分钟。

③ 锅里放入玉米油，放入大蒜、姜末和红葱碎炒香。

④ 再放入蒸好的海米、瑶柱、火腿的混合食材，一同小火慢炒。

⑤ 待食材出香味，水分变少，且食材边缘的油变成亮红色即可关火。

⑥ 待酱凉透后放入密封玻璃瓶保存。

recipes

Pickle（beetroot and lotus root）
泡 菜 （ 甜 菜 头 泡 藕 片 ）

INGREDIENTS
食材

甜菜头 50g

藕片 200g

白醋 100g

白糖 50g

花椒 5 粒

香叶 1 片

盐 适量

李非：泡菜是一道非常有包容性的菜，很多菜都可以拿来泡。泡菜做早餐配菜或用来做其他料理都很赞。分享一个让所有泡菜都变得好吃又好看的秘诀，就是在主菜的基础上，加入一种有颜色的食材，如这道菜里的甜菜头。

甜菜头跟藕一起泡，呈现出的玫粉色特别漂亮。在调味料上，只需要白醋、一点糖和盐。这种方法可以泡一切，甚至达不到最新鲜状态的蓝莓、苹果、木瓜等。在广西的一些地方，人们常说"我在家里泡个酸"，"酸"指的就是这种做法做出来的食物。

HOW TO MAKE
制作步骤

① 将甜菜头、藕片洗干净，切片。

② 白醋、白糖、花椒、香叶、盐混合在一起。

③ 把甜菜头、藕片放入瓶子里，倒入混合好的调味料。如果液体不够请加入凉白开，直至没过食材，密封摇匀。

④ 放入冰箱冷藏三四个小时就可以食用了。

小贴士：
玫红色的泡菜水可以用来泡很多美味，比如说梨、苹果、菠萝，甚至是菜花的梗。吃惯了新鲜水果，不妨试试"泡个酸"。

010

Colorful dried fruits
五彩水果干

INGREDIENTS
食材

橙子 200g

猕猴桃 300g

苹果 300g

柠檬 100g

草莓 200g

西瓜 300g

李非：当你不知道吃什么的时候，就吃水果吧！水果的低热量不会造成很大的热量负担，其中的果糖又能带给你愉悦的心情，水灵灵的水果吃下去，自己也仿佛变得水灵了。

尚未熟透的水果，口味生涩，而熟透的水果保鲜期却很短，若是一时吃不完，不妨做成水果干，密封可以存放很久。橙子、苹果、猕猴桃、柠檬，都是非常适合做成果干的水果。制好的水果干不仅可用来泡水，让寡淡的白水丰富起来，保留了原本色彩的水果干还可作为美食摄影的摆盘利器。

HOW TO MAKE
制作步骤

① 将水果切成片。

② 烘干机 60℃烘干 12 小时。

③ 密封保存即可。

小贴士：
汁水多的水果烘干时间就会长哦！买烘干机时都有各种水果的制作方法电子版，记得索要。

04

四时风物，
藏在厨房里的山川湖海

西南的辣椒最好吃，海南的水果最甜美……一方水土养一方人，也孕育了格外不同的特色风物食材，各处都有自己独特的地域之味，带有独特的地方气息。

有时候我们吃的不是食物，是食物与地方的共同记忆。蒋勋在《美的沉思》里谈味觉时说道，人类的记忆，是从感官中搜集情报，慢慢沉淀成为文明。"辣椒很辣"的事实对年幼的你没有任何意义，你知道的是第一次吃到它时，辣得鼻涕眼泪一起冒出，而妈妈在一旁一边替你擦眼泪，一边又忍不住笑起来。

吃饭这件事，不是还不懂事时被妈妈追着喂饭的痛苦，不是生活所迫，而是倾听食材在你体内诉说生长的故事，是品尝它一路跋山涉水而来的酸甜苦辣；是尝出为你做饭的人究竟在想什么，会不会因为太开心而多放了一勺糖，因为太难过而拼命地加盐想要带走夺眶而出的水分；是认识到你自己喜欢五味里的哪一种，某些味道的熟悉和亲切来源于什么记忆，又将你塑造成什么模样。

SEAONAL &
LOCAL, FROM THE
MOUNTAINS & SEA

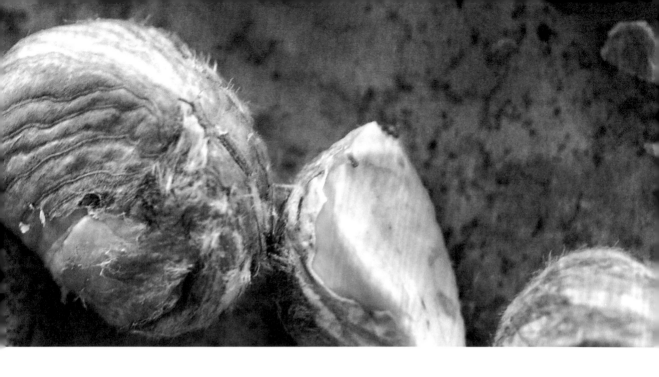

可惜的是，受到土壤、运输等各个环节的限制，风物食材常常很难走出本地获得大面积推广，也很难为人所知。但这些来自最本源之地的食材，又往往保留着最传统和本真的味道，在最适合的土地上踏实地生长，然后被真诚地收获，带着最妥帖和滋润的味道。

美食的力量在于能够安抚内心的焦躁，拉近人与人之间的距离。食物的温度和味道，更是源于生活中的人情冷暖、五味杂陈。带着各地讯息的风物食材，丰富了我们的口感，也丰富了我们的生活体验。

风物食材有村庄、森林、河流的讯息，透过食材遥望它们的故乡，让你在餐桌上就可以环游世界。我自己在设计菜谱的时候，也会想把这些风物食材带入日常的食物中去。

北京怀柔的栗子最绵，贵州的花心薯最甜，宁夏的滩羊最嫩……当这些食材经过精心挑选然后烹饪之后摆在餐桌上，获得满足的不只是味觉，更是由此透露出来的浓浓心意。

这些带着地方特色的四时风物又是以何种面貌呈现在现代人的餐桌上的呢？

011

Pound cake with Huairou chestnut
怀柔栗子磅蛋糕

INGREDIENTS
食材

煮熟的板栗 100g

低筋面粉 100g

糖粉 80g

黄油 100g

橙味酒 30g

提子干 30g

鸡蛋 100g

泡打粉 2g

牛奶 50g

李非：说到有北京特色的风物食材，绝对不能不提怀柔栗子。栗子自古就是珍贵的果品，干果中的佼佼者，怀柔栗子又是当中数一数二的品种。每年十月打板栗的时节，农民收完后游人可以上山捡栗子，不少人慕名而来。

怀柔栗子口感又甜又绵，可以烤出焦糖感，拿来做蛋糕特别合适。最好的食材，做出的蛋糕也最好吃。

HOW TO MAKE
制作步骤

① 将低筋面粉和泡打粉过筛。

② 将打散的鸡蛋液、牛奶分三次加入打发好的黄油和糖粉里。

③ 快速将面粉和橙味酒倒入打发的黄油里搅拌均匀。

④ 放入一半提子干和板栗，拌均匀，倒入模具。

⑤ 再将另一半板栗和提子干做表面装饰。

⑥ 放入烤箱 170℃烤 60 分钟左右即可。

小贴士：
栗子切开一个口，锅里放水和盐，煮 3 分钟取出来就很容易剥皮了。蛋糕出炉后立刻刷上糖水，密封一周左右，吃起来味道才是最好的，用了酒也不会有酒味。

Roasted Guizhou sweet potatoes
贵州花心薯配蜂蜜椰子酱汁

INGREDIENTS
食材

花心薯 4 个

车达奶酪 20g

马苏里拉奶酪 80g

椰子片 10g

芝麻菜 20g

酱汁部分

蜂蜜 5g

蕃茄酱 10g

花生酱 10g

椰子油 15g

盐 适量

莳萝 2g

李非：这道菜的食材来自贵州，花心薯从地里长出来以后，里面会呈现渐变的紫色，非常好看，而且可以熬出很多糖，口感香甜细腻。当地人出门干活前，喜欢支起一口大铁锅，把花心薯切片放上去蒸，干完活回来时，花心薯也就蒸好了。

我们习惯性地拿起花心薯就咬，几个当地小孩看了却直摇头，原来他们不吃薯，吃的是锅底熬出来的糖浆。

HOW TO MAKE
制作步骤

① 将花心薯带皮蒸熟。

② 把蜂蜜、番茄酱、花生酱、盐和椰子油一起做成酱汁。

③ 将花心薯从中间分开，铺上一层车达奶酪和一层马苏里拉奶酪放入烤箱 230℃，烤 10 分钟。

④ 出烤箱后淋上酱汁，撒上椰子片和莳萝装饰即可。

小贴士：
花心薯水分不多，最好蒸完再烤，这样吃起来更甜。在中间层夹入一些蔬菜和坚果，尤其是一些口感清脆的食物，吃起来别有一番风味。

recipes

Ningxia tan lamp
宁夏滩羊法式小切

INGREDIENTS
食材

西餐特别注重食材本身的味道，食材的好坏也就决定了这道菜的好坏。宁夏滩羊被《舌尖上的中国》誉为"中国最好吃的羊肉"，"睡着白玉床，吃着中草药，喝着矿泉水"，在这样的环境下生长的羊肉，肉质细嫩，无膻味，脂肪分布均匀，吃上一口，肥嫩鲜香，即便是清水煮也"美不可言"。

食材本身的属性，以及食材在烹饪过程中受到的悉心照料，都在这道菜中融合在一起。配菜方面，以清爽型的节瓜、手指胡萝卜为主，不仅能中和羊排的肥腻，颜色搭配也非常好看，这可是当初未满客厅的头牌菜品哦。

羊排 3 根
青黄节瓜 50g
手指胡萝卜 1 根
橄榄油 10g
香油 3g
新鲜迷迭香 2 枝
石榴籽 若干

羊排粉配料
海盐 5g
胡椒 5g
糖 1g
披萨草 少许
干迷迭香 少许
蒜头粉 少许
辣椒面 少许
香芹籽 少许
茴香籽 少许

HOW TO MAKE
制作步骤

① 羊排低温解冻，化开后室温放置 30 分钟，用厨房纸巾把水吸干。

② 羊排两面抹上香油，撒上羊排粉（羊排粉中的所有材料混合摇匀），腌制 5 分钟。

③ 锅加热，放入油，保持中高火，放入羊排，两面煎出焦痕。

④ 烤箱预热至 200℃，煎好的羊排入烤箱，再烤 5-6 分钟。

⑤ 手指胡萝卜用热水烫过，和青黄节瓜一起用橄榄油煎熟，盐和胡椒调味。

⑥ 蔬菜和羊排一起摆盘，最后放入新鲜迷迭香，石榴籽等装饰。

05

美好食材，
是美味也是责任

想吃到安心美味的食材？找你信任的农夫就好了。

食品安全的问题越来越受到大家的重视，追求更安心、更美味的食材也成为趋势，这些年关于"有机食材"的概念越来越热。

在国际上，有机农业更多是被看作一种环境友好的、精耕细作的农业生产方式，所以对于有机农业的认证，是对农业生产过程的认证，而不是对成品的检测标准。IFOAM（国际有机农业运动联盟）曾指出："有机农业的健康属性不能只局限于消费者的健康，而更应理解有机农业对于土壤、植物、动物和生态系统的健康的积极作用，以及对于直接从事农业生产活动的农民的健康的重要意义。"著名的《食材》一书作者彼得·麦雷斯认为，有机栽培的意义在于，工业化农业之外，还有一种完全不同的替代方案，民众也能因此更重视农业生产的品质，以及农耕作业的永续性。

国内也有部分有机农业从业者们试图通过 CSA（社区支持农业）和 PGS（参与式

GOOD FOOD,
IS NOT ONLY ABOUT
THE TASTE

保障体系）等模式来解决消费者对生产者缺乏信任，以及销售渠道不畅的问题。一个是消费者参与生产，一个是产销双方共担风险，这两种模式也是目前国际有机农业领域较为主流的生产经营模式。相较于高昂而不现实的有机食品认证费用和程序，这无疑可以让更多小农和对食物有所期待的人参与其中。

在我看来，这其实是在重新建立起我们和食物之间的信任。毫无疑问，信任是人类对食物的感觉里最重要的一环。在现有的条件下，我们如何践行这种信任感？

由于以前在媒体从业的缘故，我认识很多从事食物行业的社会企业。他们有郊外坚持有机种植方式的农户，有为新疆的农户售卖优质农产品的互联网公司，有坚持手作的食物爱好者，有不停地去各地寻访各种天然

食材的网店店主……在他们身上，我看到了坚持也看到了希望。

我自己很喜欢去逛农夫市集，北京我常去的主要有两个，北京有机农夫市集和北京Farm2Neighbors（从农场到邻居）农夫市集，每周固定开集，每次都能买到郊区农场主自己种的新鲜食材。

"未满"创办之初，也尽可能选用一些优秀的社会企业、公益机构的产品作为沙拉和菜品的食材。从来自新疆的"维吉达尼"鹰嘴豆、无花果，到来自粤北瑶族的"天地人禾"地禾糯，到来自大熊猫栖息地的"山水"熊猫蜜，再到来自四川阿坝的"措瓦"藏式酸奶……

对我来说，这是为了提供最自然的本味之食，也为了承担对于社会的责任。这些带着社会意义的"好"食材，我们除了自身消费和在产品中使用外，也会帮助这些社会企业和公益机构代售，希望从自己开始，带动他人，用消费表达善意，推动改变。我们需要为之付出更高的成本和更多的精力，但我们相信，在良心和责任的驱使下，这些食材不会差。

因为，在这些食物里，都有一颗闪闪发亮的心。

把大自然搬进城市里
的农夫市集

　　我常使用的有机食材，除了这些能通过快递购买到的社会企业产品，大多由使用有机生产方式的农场提供。但是由于有机农场大多不会设在离城市很近的地方，所以农场会聚集起来举办农夫市集，邀请农友来一起摆摊。国内最早的北京农夫市集在2010年初现雏形，后来渐渐稳定，有越来越多的人参与进来。近年在国内的其他城市也都出现了自己的农夫市集，一时间成为了一种风潮。

一起去赶集

　　从小就比较喜欢赶集，喜欢数着日子去赶集，有的地方日期是尾数1和6，有的地方是3和8，农民们挑着各色产品来兜售，有的卖菜，有的卖小鸡小鸭小猪，有的卖自己编织的箩筐，而我总是在摆满手作食物的摊位上流连忘返。

那时候，集市上的蔬菜上都带着泥土，一看便是农民们一大早摘的，还能想象出它们在土里的模样。那时候，大棚作物没有那么普及，所有的食材都只有当季的。而现在一年四季都能在超市买到水果，却总是觉得味道少了些什么，没那么好吃。

回到大自然

琳琅满目的蔬果，颜色饱满，好像大自然打翻了颜料盘，接着又染上了太阳的温度。虽没有小时候的市集那么原生态，农夫市集也是干净整洁的，最重要的是它依然保留着自然的味道。

那些拥有漂亮颜色、带着泥土清香的有机作物，仿佛大自然派来的信使，告诉我们种子从土里发芽、雨水从树叶落下的故事。在市集中慢慢寻觅自己喜爱的作物，用眼睛去记忆，用手指去触摸，让我们得以从忙碌的现代生活中短暂抽离，只管享受这从视觉到嗅觉再到心灵的惬意，感受春去秋来万物生长的过程。

对食物的信任

在逛农夫市集的时候，我似乎重新找回了对食物的信任。除了看起来很美，吃起来很好的食物和食材，你还能看到每一个小摊的主人脸上灿烂的笑容，感受到他们真诚的内心。即便不买东西，你也能在与他们的聊

天中，感受到他们对食物的热爱，感受到食物与人之间其实是存在着某种联系的。

与其担心每日吃进去的食物是否安全，不如选择从源头就透明的农夫作物。去赶集，是一种实实在在支持生态农夫们的方式，是心与心的交流，也是获得可靠、良心品质食材的渠道之一。

014

Hummus
鹰 嘴 豆 糊

INGREDIENTS
食材

鹰嘴豆 100g

糯米 10g

奶油 50g

盐 适量

蒜泥 3g

橄榄油 5g

奶油 15g

罗勒叶 2g

"维吉达尼",是维语"良心"的意思,这是来自新疆的一家社会企业。他们和新疆的当地农民合作,所有的原料均为天然种植,带着新疆人满满的诚意和忠厚。他们说:"差的果实,我们不给。"

也正是因为这份真诚,在"未满"成立之时推出的 5 款沙拉里,就有 3 款用到了"维吉达尼"的鹰嘴豆、核桃、无花果干和葡萄干等食材。

有着浓浓异域风情的鹰嘴豆,散发着来自土地的自然之味。众多品种中,以新疆的鹰嘴豆为佳,颗粒饱满、大小均匀。鹰嘴豆需提前浸泡 5-8 小时,让它吸收 2 倍的水分,用冷水煮开后,改小火煮半小时。若是存放时间比较久的陈豆,浸泡的时间还要更长些。

鹰嘴豆的吃法有很多,直接食用,或炒熟后食用,作为很多料理的配菜十分抢眼。还可以做成甜品或是冰激凌,热量低,口感好,用来款待朋友,美味又有格调。

HOW TO MAKE
制作步骤

① 将鹰嘴豆和糯米浸泡过夜。

② 第二天煮熟过滤水份,放入料理机打成糊,放入盐、橄榄油、蒜泥和奶油调味。

③ 表面淋少许橄榄油,倒入奶油,用罗勒叶装饰即可。

小贴士:
米糊的颜色可以自己控制,放入紫薯、甜菜头、菠菜等都可以得到不同的颜色。增加了食欲不说,还十分有营养。

Fried salmon with spinach and pine nuts
香 煎 三 文 鱼 配 松 子 菠 菜 红 糯 米

INGREDIENTS
食材

新鲜三文鱼 220g

菠菜 80g

松子 10g

橄榄油 5g

生态红糯米 20g

干白 少许

洋葱 1g

酱汁部分

蜂蜜 5g

柠檬 5g

香油 5g

日本万字酱油 10g

蒜碎 1g

姜碎 1g

胡椒 2g

海盐 适量

淡奶油 15g

黄油 2g

这虽是一个海鲜类的食谱，但这道菜想介绍的是盘底颜色漂亮的红糯米，这款红糯米来自一个致力于推动可持续食物与农业的社会企业"天地人禾"，其种植地在粤北连山县金子山森林公园山脚的向阳村，他们想让大家吃上健康美味的放心米，让"粒粒皆辛苦"的农民获得受人尊重的收入，同时保护环境和生物的多样性。

"天地人禾"4个字，代表着中国文化的精粹，也是我们对食物的尊重，更是对自然的敬畏。

煮熟的红糯米口感劲道，味道浓郁，又能增加饱腹感。

HOW TO MAKE
制作步骤

① 红糯米提前浸泡 2 小时，加入橄榄油蒸熟待用。

② 三文鱼去麟拔刺，切成块。

③ 蜂蜜、柠檬、香油、酱油、蒜碎、姜碎、胡椒和海盐搅拌成汁，腌制三文鱼 10 分钟左右。腌汁不要丢掉，留着待用。

④ 热锅倒入橄榄油，中火煎三文鱼，四面各煎 1 分钟至表面上色。烤箱预热至 170℃，放入三文鱼烤至 6 成熟。

⑤ 热锅中加橄榄油，炒洋葱蒜碎，放入菠菜翻炒 1 分钟，加入熟松仁。锅内喷入干白，加淡奶油、黄油、盐、胡椒调味收汁。腌制三文鱼的汁水小火收至浓稠。

⑥ 红糯米和菠菜铺底，放上三文鱼，淋上酱汁。

recipes

Smoothie with yak yogurt

牦牛酸奶思慕雪杯

INGREDIENTS
食材

牦牛酸奶 80g

甜甜圈 50g

樱桃 30g

菠萝 30g

蓝莓 30g

哈密瓜 20g

腰果 10g

薄荷叶 1 片

我们曾在"未满"使用的好吃到让人流泪的牦牛酸奶产自四川阿坝州藏区，这也是得益于一家叫"措瓦"的社会企业的努力。

人人都爱的思慕雪杯，可以说是最容易让人感受到食物之"美"的东西了。制作思慕雪的步骤并不难，其中最重要的是酸奶的选择，酸奶是思慕雪的基础。这道思慕雪里选用的酸奶来自阿坝藏区的牦牛。从牛的生长环境，到牛的习性，再到酸奶的制作工艺，全部都是透明可追溯的。

精心挑选几种应季的食材，花上一点小功夫，用一碗颜值与口感兼备的思慕雪来收获朋友们的赞赏吧。

HOW TO MAKE
制作步骤

① 樱桃对半切，菠萝、哈密瓜切成小块。

② 甜甜圈铺底，各种水果和酸奶分层摆放。

③ 腰果掰碎撒在酸奶上，放一颗樱桃，薄荷叶放在中间装饰。

06

温暖手作，每一种
都是对生活温柔的爱

HAND-MADE FOOD
IS THE GENTLE
LOVE OF LIFE

如果说从前对于"食物"的欲望仅仅源于"饿"，是为了补充身体所需的能量，那么现在选择美好食物的理由则更加丰富多元，为了获得愉快的心情、为了一段美好的体验、为了发泄压力……

每一道菜，都经由无数双手用心耕耘、采摘、贩卖、清洗、烹饪而得以延续其生命；每一个过程，来自土地的食材都在不同的时间地点发挥其生命本身的意义。

亲手去料理食物，是一件很幸福的事情，这些幸福的心情也会传递给吃到这些食物的人。

我自己主理未满客厅的时候也是这样，每天最开心的就是和食物相处的时候，自己能够安静下来，细细地去感受。我真心觉得，每一种手作食物都是对生活温柔的热爱。

李非的非厨房也会给我这样的感觉，每次去的时候，总能让我的胃被温柔以待，整个人都被照顾得很好。有几位姑娘和她一起

打理这个厨房，她们平日里就是去寻访食材，然后待在厨房和这些食材打交道。自己做酱汁、自己做秋梨膏、自己做很多超级美味的菜，一天到晚都和食物打交道。

当你开始珍惜和食物相处的机会时，似乎也会更加珍惜和自己相处的机会。在厨房里待着的时候，人不那么焦虑。好好跟每一种食材相处，心会变得异常平静，不再去想一些焦虑麻烦的事情，只需要安安静静地跟它在一起。

比如做披萨，在等待面团发酵的时候，回放的是过往和食材相处的所有经验和记忆，又充满了未知的可能性。用手指揉推面团的力道，小心翼翼地你来我往，撒上食材和配料时也充分斟酌，心思细腻地考虑到食材和食材之间的搭配。时间仿佛在这一刻静止了。

之前在"未满"实习的门吉在实习总结里说，"那些每天清晨刚从菜市场运过来的沾满泥土的菜，我用戴着手套的双手将多余的老叶除去，撕成便于入口的小块，再用盐水浸泡、反复洗净、甩干。破土蔬菜到美味沙拉间的第一步，经由我的手而被赋予了生命，想起来真是好神奇和神圣的一件事情。从此，我每天都以无比敬仰的心小心细致地完成清晨的第一项工作——整理食材。

这一节，一起尝尝手作食物吧！

017

Strawberry jam
草 莓 酱

INGREDIENTS
食材

草莓 500g

冰糖 100g

白葡萄酒 25g

柠檬汁 25g

盐 适量

李非：草莓是一种非常高傲的水果，一旦你不小心冷落了它，它便气得变味不让你品尝。那些因各种原因没有及时吃掉的草莓，拿来做草莓酱正合适。

做草莓酱的时候，一定要用手去捏碎，用手做出来的草莓酱一定比刀切的好吃。食材与人之间存在着微妙的联系，人的情绪会影响到食物的风味，反过来食物也会给我们带来心情的变化。鲜红明亮的草莓，伴随手作的乐趣，治愈满分。

HOW TO MAKE
制作步骤

① 草莓洗干净去蒂，控干水。

② 将草莓和冰糖、白葡萄酒、柠檬汁、盐混合好，用手把草莓捏碎，和酱汁一起搅拌均匀，密封腌制 24 小时。

③ 将腌制好的草莓连汁倒入深锅，大火煮沸后不停地去除表面的泡沫。

④ 熬到果胶形成，关火放凉后，密封冷藏保存。

Autumn pear paste
秋 梨 膏

INGREDIENTS
食材

梨子 500g

黄冰糖 35g

罗汉果 5g

甘草 1g

蜂蜜 100g

金银花 2g

枇杷膏 25g

川贝母 2g

李非：这款秋梨膏的背后有一个温暖的故事。一位善良的农场主信佛以后，决定在种梨时不再使用肥料，可这样长出来的梨大小不一，卖相差，市场不买账。虽不受世俗欢迎，但却是好梨。我们秉着帮助农场主的初衷熬制了秋梨膏，没想到却成了大家的新宠。

秋梨膏的制作必须选用深秋初冬时节冷天里摘的梨，通常需要用特制的铜锅不眠不休地熬上两三日。这样熬出来的梨膏，除了口味香甜沁人心脾以外，对缓解咳嗽和润喉还有很好的效果。

最开始这个配方是跟一个出家的师父学的。配方很简单，与网上找的食谱相比少了红枣和老姜。原本以为秋梨性寒，需要红枣和老姜来中和，但其实现在人的饮食习惯普遍火气旺，有时候稍微寒点反而更好。配方虽然没什么稀奇，但做的时候要用心，怀着希望并快乐地去做，一切就水到渠成。

HOW TO MAKE
制作步骤

① 将梨子带皮洗净去核。

② 将榨好的梨汁倒入锅中，加入除蜂蜜以外的所有原材料。

③ 大火煮开后转小火，熬到梨汁黏稠，过滤杂质。

④ 冷却后加入蜂蜜搅拌均匀，密封即可。

小贴士：
秋梨膏不是药，每天一勺冲杯水，省事还能润肺，尤其在干燥的秋冬季节，是一款十分受欢迎的饮品。

recipes

Sweetened baked wheaten cake
糖 火 烧

INGREDIENTS
食材

酱油 20g

芝麻酱 250g

标准粉 500g

红糖 250g

酵母 3g

小苏打 3g

玉米油 20g

水 275g

糖火烧是地道的老北京小吃，外焦里嫩，一口下去，红糖和麻酱的香气充满了口腔，外层结了糖皮，内部却还很软润。不仅是年少时的美味，也是成长里珍贵的回忆。

如今做糖火烧的技术已是非物质文化遗产，可会做的人却是一只手就能数得过来。糖火烧做出来要放在一个瓦罐里隔天吃，这样才能吃到最正宗的口感。小小烧饼，承载的是手艺人世代相传的一颗匠心。

HOW TO MAKE
制作步骤

① 把标准粉、酵母、小苏打揉成面团，醒发半小时。

② 把红糖和麻酱拌匀。

③ 把面团擀成长方形，均匀涂抹麻酱红糖，不要露白边。

④ 从窄头向宽头，边抻边卷，保持不走形。

⑤ 把面分割成一样大小的面团，把四边用大拇指压向中心，然后团成圆形捏紧收口再压扁。正面刷上酱油增色增香。

⑥ 饼铛热锅放油煎完一面再煎一面。

⑦ 煎到表面变色后，放入预热好的烤箱180℃烤15分钟，取出晾凉即可。

CHAPTER 2
第二章

THE ART OF FOOD PAIRING
那些绝妙的食材搭配

「那些绝妙的食材搭配」

厨房就像是一个修行的道场，在与每一种食材的相处之间，你能学会特别多的生活常识和人生道理。

没有人一开始就知道食材的脾性如何。不知道食材和食材之间怎么搭配才是最合适的，也不知道应该用什么样的方式去处理，这是很多初学厨艺的人的常态。

我自己的心得是，如果不知道什么样的食材搭配在一起才会口感合适，不妨在日常生活中多多用剩余的食材勇敢尝试。

之前在设计沙拉菜谱的时候，有一次我将吃剩的烤鸭打包回家后突然脑洞大开，想着要不加入正在试验的芒果沙拉里面，结果竟然意外地好吃。后面学习到橙子和鸭肉是西餐中非常经典的搭配，便通过不断改良将"香橙鸭肉沙拉"的食谱固定下来，成了广受欢迎的一道招牌菜。

食材之间的相互辉映常常能带给人惊喜，通过丰富的食材种类及颜色搭配，食材和食材之间会碰撞出相得益彰的味道。创造出食物的内容感，这是一件非常有成就感的事情。而且，就像发现新大陆一样，会打破许多固有的刻板印象。

比如，可能很多人会觉得沙拉吃不饱，或是在潜意识里认为沙拉营养不够。但事实上这是忽视了食材的搭配和比例的原因。在"未满"沙拉的搭配里，我们会选择适当比例的蔬菜、肉、主食以及水果。在一份沙拉里，同时保证了维生素、蛋白质、碳水和一定健康脂肪的摄入，在保证健康和营养的基础上，也带来了丰富的味觉享受和饱腹感。

具体而言，蔬菜选择两到三种，肉则一般以鸡胸肉、鸭胸肉或牛排等高蛋白的健康肉类为首选，主食上选择鹰嘴豆、红糯米、烤紫薯、烤南瓜或是杏仁等坚果。不仅能摄入维持人体必需的脂肪，也带来相当的饱腹感，令人克制住想多吃的欲望。

食材之间的搭配，当然也不能全靠瞎蒙的运气，还是需要遵循一些基本的法则。不能因为想要快而一锅熟，不能想要便宜而不用好食材，不能想要味道丰富而胡乱放了一堆调料。

食材间本来就有自己的特性和规律，多花一点时间深入了解，依据各自的特性来搭配和料理，善用合适的食材来提味，才会激发出更多意想不到的美味。

比如意大利的国菜"哈密瓜帕尔玛火腿"，就是一个相得益彰的绝配典范。帕尔玛火腿片咸软绵柔的口感与哈密瓜清甜的果香在口中碰撞糅合，充分将各自的特质进一步发扬，激发出超越想象力的味道。

本章为大家介绍 10 种绝佳的食材搭配组合，并由此创造出 10 道美味。

020

Fig with Goose liver
无花果 × 鹅肝
无花果鹅肝沙拉

INGREDIENTS
食材

无花果 20g

牛油果 80g

鹅肝 60g

芝麻菜 5g

紫生菜 5g

蜂蜜 3g

橄榄油 10g

黑胡椒 2g

盐 适量

葡萄醋 5g

洋葱 20g

李非：人们常说，没吃过鹅肝，就不算品尝过法国美食。鹅肝质地细嫩，风味鲜美，入口即化，被欧洲人称为世界三大珍馐之一。

鹅肝喜甜，与甘甜的无花果堪称完美组合。新鲜的无花果，皮薄无核，肉质松软，富含膳食纤维，恰好中和了鹅肝的油腻。无花果和鹅肝的搭配经常出现在米其林的菜单里，享受着世界各地"吃货"们的追捧。

HOW TO MAKE
制作步骤

① 无花果去皮切开，牛油果切片。

② 无花果、牛油果、鹅肝、芝麻菜、紫生菜放入餐具内摆好。

③ 蜂蜜、橄榄油、黑胡椒、盐、葡萄醋、洋葱放入料理机打碎做成酱料。

④ 将酱料部分放入纱布，取汁淋在食材上即可。

recipes

Orange with Duck
香橙 × 鸭肉
香橙鸭肉沙拉

INGREDIENTS
食材

鸭肉 60g	**酱汁部分**
樱桃萝卜 10g	橄榄油 30g
生菜 80g	巴萨米克醋 10g
冰草 15g	蜂蜜 5g
橙子 1 个	洋葱碎 2g
芒果 50g	大杏仁粉 2g
鹰嘴豆 35g	第戎芥末 3g
水牛奶酪 1 个球	盐 适量
小米椒 半根	胡椒碎 适量
薄荷叶 2 片	
柠檬汁 10g	

鸭肉天然带微腥味，油脂丰富的鸭皮吃来也容易腻，而橙子酸甜的口感，既去腥又解腻，所以在西餐制作里，香橙和鸭肉一直都是绝佳搭档。

在制作上，将鸭肉先煎后烤，拌入由小米椒、新鲜薄荷碎以及柠檬汁调整而成的酱汁，便能很好地去腥提味。比起其他肉类，鸭肉蛋白质含量更高，脂肪也分布得较为均匀，对于爱吃肉又怕胖的朋友们来说是一种很好的选择。鸭肉本身性凉，最适合夏天改善人体内的燥气，滴上柠檬汁，再搭配上清新的芒果和甜橙，胃口一下全开，跟随季节变化的不同饮食愿望都被照顾到了。

HOW TO MAKE
制作步骤

① 鹰嘴豆提前浸泡一晚，加水煮熟，滤干水分待用。

② 在鸭胸带皮的表面用刀划出"井"字，两面撒盐、胡椒和五香粉腌制 10 分钟。

③ 平底锅煎鸭胸带皮的一面，鸭油冒出后继续煎 2-3 分钟，反面煎同样长的时间，至两面金黄，烤箱预热至 220℃，鸭肉再入烤箱烤 15 分钟左右。

④ 柠檬切半，挤汁，放入切碎的小米椒、薄荷叶，将调配好的柠檬汁倒在放凉的鸭胸肉上。

⑤ 香橙去皮切瓣，芒果切丁，樱桃小萝卜切片。生菜和冰草打底，淋入酱汁将沙拉菜拌匀，再将食材依次排列。

*酱汁做法
① 把芥末加入橄榄油中，同一个方向搅打至浓稠，加入蜂蜜、巴萨米克醋、洋葱碎、大杏仁粉等，加盐和胡椒粉调味儿。
② 如果酱汁在搅打过程中过于浓稠，可以加入少许纯净水稀释。

recipes

63

Beef with Sweet pepper

牛 排 × 甜 椒

甜椒牛肉 Tapas

INGREDIENTS
食材

甜椒样子可爱，颜色鲜亮，十分上镜，有甜椒加入的美食看起来总是很有食欲的样子。甜椒可生食也可烹食，可做开胃菜或是沙拉，也可用来做蛋卷、披萨等。用油翻炒过后的甜椒，既保留了湿度和营养，又让果蔬的香味更加凸显。

口感鲜嫩的牛排是西餐中最常见的食物之一，与甜椒的清甜搭配起来，相得益彰。

牛排 80g

甜椒 1 个

蒜 1 瓣

橄榄油 10g

海盐 适量

黑胡椒碎 适量

法棍 1 根

黄油 2g

HOW TO MAKE
制作步骤

① 蒜拍碎，橄榄油，海盐和胡椒均匀涂抹于整块牛排表面，腌制 5 -8 分钟。

② 平底锅中火加热，倒入橄榄油，将腌好的牛排放入锅煎至 7 分熟，静置 5 分钟，切 2 厘米厚的片。

③ 甜椒洗净，对半切成两块，淋上橄榄油，放入预热至 200℃的烤箱烤 25 分钟左右，烤制表皮变软。放凉，切成丝，加入盐、胡椒调味。

④ 法棍切成约 1 厘米的厚片，将黄油均匀涂抹于一面。放入预热好的 200℃烤箱烤至金黄。

⑤ 切好的牛排片和炒好的甜椒丝依次摆放好即可。

Tomato with Buffalo cheese
番 茄 × 水 牛 奶 酪

番茄水牛奶酪小串沙拉

INGREDIENTS
食材

千禧小番茄 10 个

水牛奶酪 2 个

薄荷叶 10 片

水牛奶酪顾名思义，是用水牛奶制成的，被一些美食家认为是最美味的欧洲原产地奶酪，兼有温柔的奶酪味道和淡淡的咸味，入口即化，回味无穷。

与大部分奶酪不同，水牛奶酪需要新鲜食用，最经典的搭配就是直接切厚片与番茄一起做成沙拉。水牛奶酪与番茄的组合口感清爽，经常出现在西餐的冷菜里。作为聚会小食，或是夜间小酌的配菜，口感清淡又情调十足。

HOW TO MAKE
制作步骤

① 番茄去掉根部，一开为二。

② 水牛奶酪切片。

③ 将奶酪夹在番茄中间，用新鲜的罗勒叶或薄荷叶装饰即可。

Arugula with Palma ham
芝麻菜 × 帕尔玛火腿

白松露帕尔玛火腿蘑菇披萨

INGREDIENTS
食材

高筋面粉 250g

低筋面粉 250g

水 300g

盐 7g

糖 15g

酵母 5g

口蘑 30g

香菇 30g

白松露酱 10g

去皮核桃仁 15g

马苏里拉奶酪 70g

芝麻菜 10g

帕尔玛火腿 30g

很多人可能都知道帕尔玛火腿和哈密瓜的经典搭配，但其实，芝麻菜和帕尔玛也堪称绝配。

帕尔玛火腿肉肥瘦相间，单吃未免油腻，芝麻菜的味道略微有些苦，单吃也难免过于刺激。但当帕尔玛与芝麻菜相遇时，完美的味觉体验便形成了。芝麻菜去除了帕尔玛火腿的油腻，帕尔玛火腿也让芝麻菜的苦味消散，二者相辅相成，堪称食材间的最佳搭档。

HOW TO MAKE
制作步骤

① 低筋面粉、高筋面粉、水、盐、糖、酵母按比例揉成面团。发酵至 2 倍大左右，手工搓成薄饼，大约 1 个 9 寸大小。

② 香菇和口蘑切成薄片。

③ 烤箱预热至 300℃。披萨饼底上抹白松露酱，均匀撒上香菇、口蘑（香菇捏干水）、核桃仁、马苏里拉奶酪，放入烤箱烤至金黄色。

④ 最后铺上帕尔玛火腿和少许芝麻菜。

recipes

Dried turnip with Egg
萝卜干 × 鸡蛋
萝卜干煎鸡蛋

INGREDIENTS
食材

萧山萝卜干 50g

鸡蛋 200g

虾皮 10g

蒜碎 5g

菜籽油 35g

小葱 10g

小辣椒 5g

糖 3g

香油 3g

盐 适量

李非：这是一道有着浓浓家乡味的下饭菜，做法和吃法都非常多，萝卜干与鸡蛋的搭配传统又经典，可以摊成鸡蛋饼，也可以用萝卜干炒鸡蛋，还可以用来做成汤，配面条或者米饭，简单又美味，一不小心就多吃了一碗饭。

萝卜干以杭州萧山的为佳，萧山萝卜干色泽黄亮，条形均匀，香味浓郁，咸中带甜，脆嫩爽口，人们谓"色、香、甜、脆、鲜"五绝，其制作工艺已流传了上百年。经过自然风干和时间沉淀的萝卜干，不仅保留了萝卜的自然香甜，更增添了许多风味，让人回味无穷。

HOW TO MAKE
制作步骤

① 萝卜干切碎。

② 大碗里放入打散的鸡蛋，加入小葱、小辣椒、盐、虾皮和萝卜干拌匀。

③ 将蒜碎、糖、香油、菜籽油混合好，放入锅内烧热。

④ 再放入混合好的蛋液，转小火。

⑤等一面凝结好后，翻另一面继续煎酥脆即可。

小贴士：
锅里的油多放一点反而不会让鸡蛋吸收更多的油脂，半炸半煎的鸡蛋才更好吃。

Shrimp with Avocado
鲜 虾 × 牛 油 果
迷你墨西哥饼配鲜虾牛油果

INGREDIENTS
食材

虾仁 10 个

牛油果 1 个

墨西哥饼 2 张

红咖喱 2g

橄榄油 6g

菠菜 2g

柠檬汁 3g

盐 适量

黑胡椒 适量

几年前还名不见经传的牛油果，如今已是许多人的心头爱。对半切开的牛油果，散发着优雅的气息。牛油果味道十分特别，有些人喜欢，有些人嫌恶，还有些人一开始无感，后来却比谁都爱。

牛油果有着极高的营养价值，富含不饱和脂肪酸，受到健康人士和素食者的喜爱。

它可以直接吃，也可以做成奶昔、酱汁或是佐料。经过处理的牛油果味道更加温和，搭配鲜嫩的虾仁，口感清新自然，身体仿佛也会随之变得轻盈。

HOW TO MAKE
制作步骤

① 将牛油果剥皮去核，切成 0.3 厘米方丁。

② 在牛油果丁中依次加入盐、胡椒、柠檬汁，搅拌均匀。

③ 将墨西哥饼用磨具切成迷你圆饼，放入预热 180℃的烤箱中烤制 30 秒取出。

④ 用橄榄油稀释红咖喱酱（2：1 比例），将虾仁拌匀，锅内加入橄榄油煎制虾仁 2-3 分钟至熟。

⑤ 将拌好的牛油果放在烤好的墨西哥饼上方。

⑥ 将烤好的虾仁放在牛油果上方，菠菜切成丁，撒上装饰。

Asparagus with Bacon
芦笋 × 培根

芦笋培根卷

INGREDIENTS
食材

鲜芦笋 20g

培根 2 片

胡椒 适量

海盐 适量

芦笋质地鲜嫩，清爽可口，且低糖、低脂肪、高纤维素、高维生素，在国际上享有"蔬菜之王"的美誉。明亮的颜色和美好的形状让芦笋备受食物造型师们的宠爱，社交媒体上的美食图片中经常能看到芦笋的身影。

芦笋本身味道清爽，带着浓郁的植物香气，若在料理时为其增加一些焦味，味觉体验便完全不同。烟熏制成的培根是芦笋的最佳搭配，不仅因为培根带有轻微的焦味，其丰富的油脂也会使芦笋的口感更加润滑。

HOW TO MAKE
制作步骤

① 将芦笋洗净后切 5 厘米长，放入沸水中焯水 90 秒，捞出，加胡椒、海盐搅拌。

② 用培根将芦笋包裹起来。

③ 将牙签横插穿过培根卷以固定。

④ 将串好的培根卷放入预热 250℃的烤箱，烤 3-5 分钟取出即可。

recipes

Basil with Pine nuts

罗勒 × 松子

罗勒松子酱意面

INGREDIENTS
食材

意大利面 100g

牛油果 半个

虾仁 4 个

酱汁部分 (10 分量)

罗勒叶 100g

松子 15g

橄榄油 30g

帕玛森奶酪 10g

腰果 15g

蒜碎 5g

盐 适量

胡椒 适量

罗勒有"香草之王"的美称，新鲜的罗勒叶芳香浓郁，口味却是温婉含蓄的，与百里香、迷迭香这些略有刺激性的香料相比，罗勒是我们更能习惯的味道。以罗勒和松子为主要原料制作的青酱，鲜绿的颜色让人不管在什么季节，都能感受到春天般的心情。

青酱也叫罗勒酱，是意面最主要的酱料之一，做法简单，在世界各地广受欢迎，既可以用来拌面、煮汤，又可作为肉类的浇汁，直接涂抹在面包上也很美味。

HOW TO MAKE
制作步骤

① 罗勒酱制作：罗勒叶去梗洗净控水，加入橄榄油、帕玛森奶酪、松子、腰果、蒜碎、盐和胡椒，打碎成罗勒酱。

② 面煮至 7 分熟，控水，放入罗勒酱炒均匀。

③ 虾仁用热水烫 2 分钟至不透明色。

④ 锅中加橄榄油，放洋葱、蒜碎炒香，加切好的小番茄翻炒，喷干白。

⑤ 把面放进锅里，加胡椒、盐调味。

⑥ 牛油果切片。

⑦ 放入牛油果和虾仁，撒上松子，撒上帕玛森奶酪。

029

Pineapple with Shrimp
菠萝 × 鲜虾

菠萝鲜虾烤串

INGREDIENTS
食材

菠萝 8 小块

虾仁 4 个

红咖喱酱 2g

橄榄油 6g

菠萝与虾的搭配，颜色和口感俱佳，在世界各地的传统菜里都占有一席之地，如中式的菠萝虾球，泰式的菠萝船饭。这道菠萝鲜虾烤串制作方便，颜值又高，作为聚会小食款待朋友，美味别致，令人难忘。

虾仁形态饱满，口感鲜嫩，清淡利落，菠萝色泽金黄，甜酸适口，清脆多汁，虾的鲜味加上烤菠萝的焦甜，浓浓的热带风情，仿佛下一秒就开启度假模式。

HOW TO MAKE
制作步骤

① 菠萝去皮，十字刀竖切为 4 份，将其中 1/4 个菠萝顶刀切成约 0.5 厘米厚的扇形片。

② 虾仁沿背部划一道口，取出虾线。

③ 用橄榄油稀释红咖喱酱（2：1 比例），将虾仁拌匀，锅内加入橄榄油煎制虾仁 1 分钟至半熟。

④ 两片菠萝、一个虾仁交叉穿入竹签。

⑤ 将串好的菠萝鲜虾串放入 180℃的烤箱中再烤 3-5 分钟后取出。

CHAPTER 3
第三章

LOOKS, ARE AS IMPORTANT AS TASTE
好看和好吃一样重要

「好看和好吃一样重要」

LOOKS, ARE AS IMPORTANT AS TASTE

不管是色彩缤纷的沙拉，还是泡沫绵密的卡布奇诺，抑或光看图片仿佛就能听到嗞嗞声的烤肉，每一样食物似乎都在说："快来吃我！"光是看看就已经很满足了。

食物就像艺术品，要味道好，也要好看。在这个颜控的社交年代，吃饭的时候随手拍两张照片上传到社交网络，也是通过这种方式在传达一种生活状态。通过不同的搭配、造型，营造相应的用餐氛围。

伴随着 Instagram/Pinterest 等图片 APP 的兴起，国外成长起了一大批因为拍摄出美妙食物照片而爆红的美食博主，他们大多不是专业的 chef 出身，而更多以 photographer（食物摄影师）和 food stylist（食物造型师）来定义自己，也使得食物造型师和食物摄影师这些职业受到更多大众的关注。

这些博主多是自己亲手制作一份食物，然后通过精巧的摆盘和对整张图片光感与构图的设计，拍摄一张能够唤起人对食物幻想的美食照片。纵览照片下的评论，无外乎"看上去太好吃了！""我希望在一个……的环境下享用这份美食！"等。

美食博主的爆红，以及人们对拍摄美食的狂热，其实是一个重新定义"食物"与"吃（用餐）"的过程，甚至是重新定义厨房的过程。

我喜欢的公众号"乌云装扮者"有一篇文章这样描述：尽管通过影像我们无法记录味觉，但却可以由影像唤起对于味觉乃至身体五感的想象。它抹去了油烟、杂乱这些笼罩在厨房上的阴影，把"吃"这件事情从单纯地满足口腹之欲和味觉需求延伸到对身体五感的满足。

文学中有一种技巧叫"通感"，而美食设计和摄影这件事恰巧就是利用了这一技巧，以巧妙的空间和画面营造，打开人们对一份食物的所有美好想象——色、香、味和正在品尝食物的自己。

现在的我们对食物的要求，已不仅仅满足于好吃，而是赋予它更多的意义。让食物看起来更"美"，不只是视觉，更是一种愉悦的心理体验过程。

这一章，我们来看看怎么样能设计和搭配出更好看的食物。

01

那些自带滤镜的食材

要想食物做得好看，我们可以挑选那些本身长得好看，自带滤镜的食材。

大自然是最伟大的艺术家，有些食材没有烹饪前就具备很好的形态，比如蔬菜类别里的樱桃小萝卜、豌豆苗，外形独特的朝鲜蓟，水果类的无花果、樱桃等。

善于发现大自然的色彩，充分发挥设计思维，将不同的颜色、形状、纹理、材质搭配在一起，就会发生奇妙的化学反应。

这一节介绍几种我很喜欢的蔬菜和水果，豌豆苗、樱桃小萝卜、朝鲜蓟和无花果，都不愧是颜值担当。

豌豆苗

豌豆苗这种蔬菜保留了豌豆的美妙风味，它包括豌豆苗顶部柔嫩的叶子、茎部以及卷须，人们为了收获美味的豆苗而专门种植豌豆。不同阶段的豆苗均可食用，小的豆苗茎长只有 5 厘米长，像线一样，叶子有指甲大小。大的豆苗可以长到 15 厘米，叶子直径有 2.5 厘米。

INGREDIENTS
THAT ARE
PHOTOGENIC

樱桃小萝卜

樱桃小萝卜是一种小型萝卜，因其外貌与樱桃相似，故取名为樱桃小萝卜。樱桃小萝卜具有品质细嫩，生长迅速，外形、色泽美观等特点，适于生吃，它的根、叶均可食用。可生食蘸甜面酱，脆嫩爽口，具有解油腻、解酒的最佳效果。也可荤素炒食。还可做汤、腌渍，做中西餐配菜等。

无花果

电影《怦然心动》里，有一株巨大的无花果树，小男孩与小女孩在此相遇，萌生恋慕。那时拂过耳边碎发的风，带着夏天的暖意。

电影中的无花果树给人一种很神秘的感觉，树上的无花果很是诱人。紫色或绿色的外皮包裹着深红丰满的果肉，咬一口汁水四溅的美味，又有一丝禁忌和神秘的美感。

朝鲜蓟

朝鲜蓟是一种大型花蕾，原生于地中海地区。罗马人把朝鲜蓟视为珍馐。它的英文名为 artichoke，原意为"细小的刺菜蓟"，现在我们看见的直径十几厘米的大型花蕾，是后来才培育而成的。

朝鲜蓟别名法国百合，花瓣饱满，撒上调料进行烤制，不仅味道鲜美，而且保留了原本漂亮的形状和颜色。不需要其他过多的装饰，就能拍出有格调的美食大片。

Salmon tartar with mustard shrimp and avocado
芥末鲜虾腌鲑鱼牛油果塔塔

INGREDIENTS
食材

挪威三文鱼 35g

新鲜熟透的牛油果 1/2 个

虾仁 2-3 只

飞鱼子酱 1g

蛋黄酱 3g

辣根芥末 1g

黑胡椒 适量

海盐 适量

豌豆苗 1 小把

三色堇 2 朵

在中国，人们将豌豆苗炒后食用，熬成粥，制成沙拉，或者包成饺子。在日本以及东南亚的大部分地区，豌豆苗的应用范围也非常广，凡是能用到嫩菜的场合，豌豆苗都能派上用场。

嫩豆苗带有蔬菜的甜味，有些像青豆。老豆苗的味道则更浓，能让人联想起菠菜苗、水芹。豆苗的利用率在西餐中也越来越高。厨师用豆苗来点缀菜品，不仅美观，还有着意想不到的风味。

这道菜中，三文鱼、鲜虾和牛油果，搭配芥末和珍贵的飞鱼子酱，每一口都是味蕾的享受。食材的颜色搭配本已足够丰富，但用模具做出的圆柱形状仿佛缺少些许灵气，新鲜豌豆苗的装饰完美地弥补了这个不足，让这道前菜成为所有人都忍不住惊叹"太好看了吧！"的美食。作为曾经的"未满"菜单的头牌，不仅用味道折服所有人，更用颜值让人难以忘怀。

HOW TO MAKE
制作步骤

① 将牛油果、虾仁切小丁，挪威三文鱼切块。

② 蛋黄酱加辣根芥末混合，搅拌均匀。

③ 将牛油果、虾仁混合加入拌好的酱，加海盐和黑胡椒调味。

④ 在干净的盘子中放上圆形模具，将一半混合好的牛油果虾仁放入模具，用勺子轻轻按平，沿边放入三文鱼。

⑤ 再将另一半牛油果虾仁放入，轻轻按平，铺一层飞鱼子酱。

⑥ 轻轻撤掉模具。

⑦ 顶部放上新鲜豌豆苗和可食用花材点缀即可。

recipes

031

Cherry radish salad
樱 桃 小 萝 卜 沙 拉

INGREDIENTS
食材

李非：将浑圆小巧的樱桃小萝卜切成薄片，惬意地铺在沙拉碗中，玫红色的小圆片，中间部分晶莹剔透，层层叠叠，仿佛随意漂亮的花瓣，又好似阳光投下的圆形光圈。有时又觉得是一位调皮的艺术家在作画，不仅是美食，更是一种视觉享受。

樱桃小萝卜 50g

红心萝卜 50g

炒米 30g

生菜 10g

紫生菜 10g

酱汁部分

橙味酒 3g

白葡萄醋 5g

盐 适量

黑胡椒 适量

蜂蜜 3g

橄榄油 25g

HOW TO MAKE
制作步骤

① 将樱桃小萝卜的叶子清洗干净，去茎。

② 樱桃小萝卜切薄片。

③ 红心萝卜切片。

④ 白葡萄醋、盐、黑胡椒、蜂蜜、橄榄油、橙味酒调成酱汁。

⑤ 盘底铺好炒米。

⑥ 摆好所有的食材，淋上酱汁即可。

小贴士:
可以把炒米换成燕麦片或者煮熟的意大利蝴蝶面，色彩丰富的同时又有饱腹感。

Frozen cheese cake with figs
无花果冻芝士蛋糕

INGREDIENTS
食材

消化饼干 100g

黄油 50g

奶油奶酪 220g

淡奶油 160g

牛奶 50g

酸奶 180g

蛋黄 1 个

细砂糖 75g

吉利丁片 10g

柠檬汁 15g

朗姆酒 3g

无花果 5 个

在我心里，有一种水果怎么吃都好吃。生吃可以，烤一烤也很棒；佐酒很美，配肉也不赖；遇糖愈甜，遇咸愈香；可以熬成美味的液体果酱，也可晒干成一颗颗果干，同样也不减其味。能做到这些的，除无花果外再无其他。

食物美学的最大乐趣之一，便是各色食材间的奇妙组合。闲暇时，最爱在厨房的方寸之间"变魔法"。这款无花果冻芝士蛋糕就产生于这样的魔法之下。

无花果和芝士都是我喜爱的食材，二者味道完全不同，风格完全不同，却都具有极强的可塑性。当无花果和芝士相遇，任谁也无法不"怦然心动"。

HOW TO MAKE
制作步骤

① 消化饼干放入保鲜袋中，用擀面杖擀碎。

② 黄油放入微波炉里融化，吉利丁片泡水软化，奶油奶酪室温软化。

③ 把融化的黄油和压碎的饼干碎混合成饼底材料，把混合好的饼底材料倒入模具，压实后，放入冰箱冷藏备用。

④ 奶油奶酪、细砂糖隔温水打发至光滑无颗粒状，加入蛋液、朗姆酒、柠檬汁搅拌均匀。

⑤ 加入酸奶，搅拌成酸奶芝士糊。

⑥ 淡奶油分成 2 份，其中120g 淡奶油和牛奶放入锅中，小火加热但是不要沸腾，加入提前泡软的吉利丁片，搅拌均匀。分三次倒入芝士糊中，每一次都搅拌均匀再加下一次。

⑦ 将混合物倒入黄油饼底的蛋糕模中，轻轻震几下，可以让芝士糊的气泡消失。放入冰箱中冷藏 4 个小时以上。

⑧ 脱模，剩下的 40g 淡奶油打发，和无花果一起装饰蛋糕表面。

recipes

91

Baked artichoke
烤 朝 鲜 蓟

INGREDIENTS
食材

朝鲜蓟 350g

盐 适量

黑胡椒 适量

橄榄油 20g

马苏里拉奶酪 70g

芹菜叶 10g

柠檬汁 5g

大蒜泥 15g

李非：花瓶里的花儿使得屋子充满灵气，而餐桌上的花则会让你的整个心情明亮起来。长着美丽的模样，又被大自然染上了颜色，这备受眷顾的朝鲜蓟，亦是自然对你的馈赠。

朝鲜蓟的吃法很多，最直接的就是加调料烤着吃，但最常见的做法是剁碎了加水牛奶酪做成蘸酱。情绪低落了，或是感觉生活索然无味时，不妨烤一颗朝鲜蓟吃吧！

HOW TO MAKE
制作步骤

① 把朝鲜蓟的最外两层皮去掉。

② 去掉顶端的外皮，对半切开，把叶片用手层层掰松留出空间。

③ 将黑胡椒、橄榄油、盐、大蒜泥和柠檬汁搅拌匀均，淋在朝鲜蓟上。

④ 撒上一些芹菜叶碎。

⑤ 再撒上马苏里拉奶酪，用锡纸包好，放入预热 180℃的烤箱烤 1 小时。

⑥ 打开锡纸，再撒一些黑胡椒，放入烤箱烤 10 分钟左右即可。

02

搭配出来的赏心悦目

MIX AND MATCH,
TO DELIGHT THE
EYES

　　每一种食材都是自然对人们的恩赐，它们从生长开始就被天地赋予了独有的色彩、味道和芬芳。从味蕾到嗅觉，再到视觉，食材带来的惊喜无处不在。从功能性和味道的角度来讲，每一种食材都发挥着独特的作用，或作为主菜烹饪，或制成佐料调味，下锅的一刻，来自食材的香味扑面而来，沁人心脾，治愈着我们的身心。同样，在视觉上，一种食材和另一种食材的搭配也如时尚界的律动，通过色彩、层次多种角度和元素展现着食物的造型魅力。而在餐桌上，眼睛往往先开始于嘴巴品尝美食，悦目才能更加赏心。

　　每款食材都能在餐桌上找到属于自己的角色，食材之间的搭配就好比人的装扮，没有装饰和设计显得单调，但过于复杂又可能会显得凌乱而花哨。所以在进行食物的搭配和造型时，也要注意章法，每一道菜品都像一道艺术品，需要用合适的食材进行搭配组合。要特别注意以下两点。

色彩搭配
很多人在刚开始学习烹饪时，经常会将

很多种颜色的食材组合在一起，有时候甚至一盘菜里红、黄、绿全部登场。从视觉效果上，这并不是好的选择。最好能找到一种主色调，然后用与之相呼应的颜色进行适当的搭配，使食物呈现出丰盛而又和谐的感觉。

食材的种类和颜色足够丰富，食物才有了内容感。在确定主色系后，也可以尝试选用能造成强烈对比的次色系与之搭配，类似"大红大绿"这样的撞色，反而可以强化层次感。

主次搭配

任何一盘食物，都要有主角、配角。有时候根据口味而定，有时候根据主题而定。比如我们在一瓶柠檬柑橘水里选了西柚作为这瓶饮品的主角，因为它的形状、色彩、口味都很浓重，与之相配的则是黄柠檬、青柠檬这两种同属柑橘类的食材，再搭配薄荷清凉爽快的口味，很适合作为夏季的饮品。

食材搭配要有主色调，不能太乱；食材不能太大杂烩了，要有自己的主次，就像沙拉。如果沙拉都是绿色的，或许会让人感觉自己是不是变成了食草动物。

用心体会的人，就会发现食物搭配组合拼贴出来的美好画面。

034

Beef salad with roasted vegetables
牛 排 烤 蔬 菜 沙 拉

INGREDIENTS
食材

菲力牛排 80g
紫叶生菜 40g
罗马生菜 40g
西蓝花 30g
口蘑 30g
紫薯 20g
芋头 20g
洋葱 10g
紫甘蓝 10g
蒜 1 瓣
橄榄油 10g

酱汁部分
橄榄油 30g
蛋黄酱 5g
第戎芥末 2g
柠檬 5g
胡椒 适量
海盐 适量
纯净水 少许

毫不夸张地说，"未满"工作室自创立以后，这道牛排烤蔬菜沙拉一直占据"未满"所有沙拉排行榜第一名，也是很多客人心心念念要来品尝的美食之一。除了食材丰富以外，选用上好的菲力牛排和有机紫薯，是这道沙拉之所以如此美味的重要因素。

为找到最佳搭配的牛排，我们几乎尝遍了市场上能买到的所有适合做沙拉的牛排种类。沙拉看似做法简单，实则要比其他料理讲究许多。除了食材的品质必须保证最优，营养和色彩的搭配，以及酱汁的选用都是经过深思熟虑和不断尝试的结果。

HOW TO MAKE
制作步骤

① 菲力牛排低温化冻，用胡椒和海盐腌制 15 分钟左右。
② 用橄榄油高温煎制牛排，煎的过程中加入大蒜，让香味和牛排融合，煎至 7 分熟，取出降温。
③ 紫薯和芋头切成小块，用锡纸包好，放进烤箱烤 1 小时左右，烤熟放凉待用。
④ 洋葱切丝，口蘑切片，用橄榄油、红酒醋和蜂蜜爆炒 2 分钟左右，去除生葱的刺激味道，又不至于太软烂。西蓝花撕小块，焯水。
⑤ 沙拉菜打底，淋入酱汁拌匀。
⑥ 其他所有食材摆放漂亮，菲力牛排切片，放入沙拉。

*酱汁做法:
① 橄榄油加入第戎芥末搅打至浓稠状，加入蛋黄酱继续打匀，加入柠檬汁、胡椒、海盐。
② 加入适量纯净水稀释成喜欢的稠度。

Open sandwich made of bagel
贝果开放三明治

INGREDIENTS
食材

贝果 四个

帕尔玛火腿 30g

迷迭香 5g

洋葱 30g

牛油果 50g

萨拉米香肠 50g

彩椒 30g

芝麻菜 10g

樱桃萝卜 10g

草莓 30g

腌制橄榄 10g

酱料部分

马斯卡彭奶酪 150g

盐 适量

欧芹碎 5g

黑胡椒 3g

柠檬汁 5g

随着健康饮食观念的兴起，低脂肪、低胆固醇的贝果越来越受青睐。制作工艺上，贝果在烘烤之前需先用沸水将成型的面团略煮一遍，经过这道工序后就产生了一种特殊的韧性和风味。

开放三明治最大的特点是只用一片面包，再摆上丰富的食材，造型可以从极简到复杂，是一种极富想象力的料理。

用口感扎实、外脆内韧并且形状好看的贝果来做开放三明治，既可满足视觉需要，又满足了自己的胃。

HOW TO MAKE
制作步骤

① 洋葱切丝，欧芹切碎，腌制橄榄切圈，牛油果切片，萨拉米香肠切片，樱桃萝卜切片，芝麻菜洗净控水，彩椒切条，草莓切片备用。

② 在马斯卡彭奶酪里放入盐、黑胡椒、欧芹碎和柠檬汁，拌匀成马斯卡彭酱。

③ 将马斯卡彭酱涂于贝果单侧表面，然后按照自己的喜好铺上各种食材即可。

小贴士:
万能的贝果什么都包容得了，酸甜苦辣咸，就看你是不是有创意。
马斯卡彭奶酪和酸奶油从颜值到口味，都是搭配贝果的大爱。

r e c i p e s

Cucumber and basil fruit water
黄瓜罗勒水果水

INGREDIENTS
食材

黄瓜 半根

青柠 半个

罗勒叶 10 片

樱桃 4 个

蓝莓 4 个

蜂蜜 10g

纯净水 800g

白水太淡，咖啡太浓，饮料的热量未免太高，不如为自己泡上一瓶水果水，既解渴又解腻。绿色是最能代表大自然的颜色，切开的黄瓜和青柠片，保留了表皮的翠绿，露出的籽和果肉也使得内容更加丰富，漂在水中的罗勒叶增加了层次感，清新又富有生命力。撞色的蓝莓和樱桃点缀其中，整个瓶子都仿佛跟着灵动起来了，十分有趣。

HOW TO MAKE
制作步骤

① 黄瓜刨成薄片，罗勒叶洗净，青柠切片。

② 樱桃和蓝莓对半切开。

③ 纯净水中加入少许蜂蜜搅拌均匀。

④ 所有食材放入蜂蜜水中，加入罗勒叶。

03

食材的花花世界

用鲜花烹制或装点食物，自古有之。早在2000多年前，屈原在《离骚》中就有"朝饮木兰之坠露兮，夕餐秋菊之落英"的描述。如今，现代饮食行业正在更多地使用以花入馔的方式，以花彰显饮食之美。

我国各地也有许多用花做配料的名菜，比如，广东的菊花龙凤骨、芋花烧茄子、菊花鲈鱼、桂花汤，上海的玉兰炒鱼片、霜打玉兰、桂花栗子、菊花糕，北京的炒桂花干贝、茉莉鸡脯，河南、山东等地的酱醋迎春花、茉莉花豆腐、牡丹花汤、桂花丸子等。

有花的餐桌会更美，伴随着追求健康和自然的饮食风潮，以及更挑剔的视觉感受，餐桌上出现了越来越多的可食用花材。从世界知名的米其林餐厅到寻常人家的餐桌，从三星大厨到做饭的阿嬷，都有把鲜花加到菜肴里的经验，这常常能够起到让整道菜更加靓丽的作用。

美丽的餐花，绝不仅仅是装点这么简单——除了让桌面颜色更鲜艳丰富外，新鲜

EDIBLE FLOWERS

的植物总是会给餐盘和餐桌增添别样的生机，而那些特别的花材，还能成为社交场合开启话题的谈资。

然而，在餐桌上食物才是主角，花艺再美也不要喧宾夺主，所以一般情况下要尽量选择那些色泽柔和、气味淡雅，同时看起来新鲜洁净的花材，起到点缀菜品、增加食欲的作用。同时，使用可食用花材时也有一些要注意的问题。比如以下几种情况。

不是所有人都适合食用鲜花

虽然在大多数情况下，食用鲜花并不会带来什么副作用，但是考虑到我们无法清楚得知每一朵花的产地，所以对植物和花的气味或者花粉敏感的人建议还是小心尝试。

不是所有鲜花都适合食用

有些鲜花样子很美，但在无法确定是否是可食用品种的情况下，请不要轻易把它们放进盘子。

保证新鲜干净

放在盘中的可食用花材，即使不是为了食用，也难免会和盘中的食物有所接触，所以，请一定把它们清洗干净，在不影响花的形态的情况下最好每一片花瓣都要仔细地冲干净。

本章节介绍玫瑰、三色堇、樱花、康乃馨、南瓜花5种比较常见又比较易得的可食用花材，及其在菜品、甜品或者饮品中的运用。

037

Ice cream with rose and nuts
玫 瑰 坚 果 冰 激 凌

INGREDIENTS
食材

玫瑰花露 25g

甜菜头 10g

奶油 250g

砂糖 50g

盐 1g

蛋黄 50g

香草汁 3g

牛奶 200g

椰肉碎 20g

坚果碎 50g

酸奶 100g

树莓 30g

鲜花 10g

李非：《本草正义》说："玫瑰花香气最浓，清而不浊，和而不猛，柔肝醒胃，流气活血，宣通窒滞而绝无辛温刚燥之弊。断推气分药中最有捷效而最为驯良者，芳香诸品，殆无其匹。"玫瑰入馔，一般多用于蜜饯、糕点的配料中。

HOW TO MAKE
制作步骤

① 将蛋黄、砂糖、牛奶倒入奶锅加热到冒小泡立即关火。

② 将锅隔冰水，倒入香草汁、奶油和盐，顺时针快速搅拌。

③ 将甜菜头榨成汁。

④ 倒入甜菜头汁和玫瑰花露调整到自己喜欢的颜色，倒入密封盒里冷冻。

⑤ 冷冻2小时后取出，用打蛋器打散再次放入密封盒里冷冻，如此反复4次。在最后一次打散冰激凌时，放入树莓，小心拌匀冷冻，玫瑰冰激凌就做好了。

⑥ 装饰时先取出一部分冰激凌装入杯底，靠近杯壁淋少许玫瑰花露和坚果碎。再放上酸奶，撒树莓果，接着在最上方填入玫瑰冰激凌，撒椰肉碎，插入新鲜玫瑰花做装饰即可。

Pumpkin cauliflower soup
南瓜花椰菜浓汤

INGREDIENTS
食材

老南瓜 300g

牛奶 300g

洋葱 3g

花椰菜 10g

土豆 10g

菠菜 2g

橄榄油 5g

盐 适量

墨西哥玉米片 1 片

三色堇 1 朵

曾去过"未满"吃饭的朋友，也许注意过那些撒落在餐盘上五颜六色的、像蝴蝶一样的小花。那就是西餐中常见的三色堇。三色堇尝起来没什么特别的味道，但因为形状独特，且又有着"思慕"和"想念"之义，尤得少女特别喜爱。用来装饰沙拉、汤品或甜点，造型上会加分许多！

HOW TO MAKE
制作步骤

① 南瓜去皮去芯切块，烤箱预热至 200℃，烤 15 分钟左右，至南瓜变软。

② 洋葱切碎，花椰菜切小块，土豆切小丁。锅内加入橄榄油，用洋葱碎把土豆和花椰菜炒香。

③ 烤好的南瓜和牛奶一起放入料理机打至顺滑。

④ 将打好的南瓜汤和炒好的土豆花椰菜放在一个小锅里再煮30秒，让其味道更加融合，撒一点点盐调味儿。

⑤ 南瓜汤盛出，菠菜叶切丝，玉米片拍碎，放进汤里，再以三色堇装饰。

recipes

Cherry pudding
樱花布丁

INGREDIENTS
食材

盐渍樱花 4 朵
白砂糖 20g
吉利丁片 10g
草莓 40g
纯净水 200g

李非：一衣带水的日本大和民族最喜欢把樱花放入他们的食物里，超市里常卖的盐渍樱花，是少女甜品的不二之选。

樱花可以做的好看食物真是太多啦！樱花饼、樱花和果子、樱花寿司卷、樱花茶……每一款都美到不忍下口。

HOW TO MAKE
制作步骤

① 盐渍樱花要不停换水，浸泡大概 2 个小时。

② 吉利丁片用冷水泡 5 分钟后，隔水加热将其融化成。

③ 锅内加入纯净水、切碎的草莓丁和白砂糖加热到 80℃左右，倒入吉利丁溶液不停搅拌均匀关火。

④ 草莓汁隔冰水搅拌至黏稠有阻隔感时，将混合汁过滤后倒入模具中。

⑤ 小心放入樱花，固定好模具放入冰箱冷藏，第二天即可食用。

r e c i p e s

Cocktail with carnation and ice
康乃馨冰块配鸡尾酒

INGREDIENTS
食材

李非：可食用康乃馨颜色美丽，又有香味，特别适合用来配菜。用时除去花蕊，只留花瓣，做成冰块放入鸡尾酒中，绝对是餐桌上靓丽的一道风景。

康乃馨 20 朵

果味金酒 200g

糖粉 60g

柠檬汁 20g

水 500g

鸡尾酒部分

可口可乐 200g

朗姆酒 40g

鲜柠檬汁 5g

HOW TO MAKE
制作步骤

① 将水和果味金酒、糖粉、柠檬汁混合好倒入冰格。

② 冷冻到 1 小时以后，小心放入康乃馨花瓣，再继续冷冻至坚固，鲜花冰块制作完毕，待用。

③ 将鸡尾酒部分的材料放在瓶子里摇匀。

④ 放入鲜花冰块即可饮用。

小贴士:
装冰块的冰桶最好先放冰箱里冻过，这样冰块放进去后不容易很快就化掉。

Pumpkin flower with cheese
芝 士 南 瓜 花

INGREDIENTS
食材

南瓜花 300g

食用油 300g

馅料部分

马苏里拉奶酪 100g

炸糊部分

鸡蛋 200g

面粉 50g

泡打粉 3g

盐 适量

玉米淀粉 50g

李非：南瓜花可直接油炸、做汤和做馅料。其香气如麝香，气味复杂，带有嫩叶味、杏仁苦味、辛辣味、紫罗兰和谷仓香味，可以用来炒鸡蛋，填充到肉丸里；也可煮西式的汤，意大利面、西班牙饭都很适合；还可以像炸制日本天妇罗那样处理，裹上用面粉、蛋白、盐调制的面汁后，放入油锅里炸即可。

小时候家里常吃炸南瓜花，脆脆甜甜的，特别好吃。

HOW TO MAKE
制作步骤

① 将马苏里拉奶酪填在南瓜花里。

② 鸡蛋、面粉、泡打粉、盐、玉米淀粉拌匀。

③ 将南瓜花放入面糊中，使之裹上薄薄的一层面糊。

④ 锅内放入食用油烧热，逐个放入南瓜花，炸两次即可。

recipes

CHAPTER 4
第四章
THE UTENSILS OF
FOOD
营 造 食 物 的 氛 围

我希望你能感受到的不仅是这道菜有多好吃，还有整个体验是否足够美妙。在这样舒适美好的氛围下享用好吃的食物，不正是我们疲惫生活中的小确幸吗？

我对生活仪式感的最初认知，来自于一个极其热爱生活的朋友。有一年的夏夜去她家里，在一个大客厅里，她用她从各个地方淘来的餐布与银盘，精心地布置了一场美轮美奂的家宴。她在花市买了一把雏菊随意地插在陶瓷花瓶里，亲手料理了丰盛的应季餐品，然后打开舒缓的音乐，一大桌子朋友就那样围坐着吃饭、聊天，轻声地笑着，讨论着，浑然不觉时光的流逝。

有了这样的经历，我当时在设计最初的未满客厅时也是秉承着"用细节营造好的食物氛围"的目标，我一直想象着自己希望在什么样的场合和氛围下用餐，以及希望吃什么。

在这样的期待的"感觉"指导下，未满客厅曾经呈现给大家的是这个模样：淘来的老家具和装饰品，复古又带着时光的厚重和温度，没有高级西餐厅的华丽感，但也没有那种冷冰冰的隔阂感；墙上的干花与桌上的鲜花，带着生命的蓬勃与暖意。

我所希望的这个客厅，是这样一个地方：大家愿意沉浸其中，像躺在家中柔软的座椅上一样，放松地打开所有感官，去体会"好好吃饭"和"食物美学"的意义。

我希望你能感受到的不仅是这道菜有多好吃，还有整个体验是否足够美妙。在这样舒适美好的氛围下享用好吃的食物，不正是我们疲惫生活中的小确幸吗？

01

食器和生活的亲密关系

日常器物与人之间存在着亲密的关系，尤其是食器，即使是不起眼的食物，通过食器也能布置出美好的画面，无论是功能型，还是装饰型，每一种食器都有不可替代的温暖的存在感。这种亲密不为彰显某种意义，也不是一种孤高的嗜好，而是日久生情的亲近感。人与物之间相互珍惜，相互回报。

无论在餐厅运营中，还是在个人生活中，我对食器都有一种发自内心的喜欢，因此餐厅里和家里都搜罗了很多食器。来自布达佩斯二手市集的复古烛台，网上淘来的很有设计感价格又亲民的盘子，自己动手跟师傅学做的砧板，日本背回来的木质托盘，从好友的北欧中古家具店里买来的中古餐具，还有北京的旧货市场上偶然遇到的蛋糕架……这些食器，是美好食物的好朋友。有时候我用它们来招待客人，有时候只是为自己盛放一个人的早餐，使用它们的时候，都能记得遇见它们的那些美好时刻。

记得刚刚做"未满"的时候，我跑遍了北京大大小小的包装市场，并去上海、义乌

TABLEWARE

考察，才最终确定了后来使用的这款以稻谷壳等植物纤维为原材料的环保包装盒。单纯是这款一次性的包装盒，就让我开心了很久，也受到了很多客人和朋友的喜欢。

下面，给大家介绍一些选用食器的小贴士。

不同场合选择不同风格的器皿

不同场合下，需要的食器风格是不同的。比较正式的场合一般用银器、水晶、陶瓷，或者骨瓷等器皿。随意些的家宴，除了个性的陶瓷产品外，也可以选用风格自然的木器，木质是最亲近自然的，用木做成的食器本身就沾染了自然和生活的气息。木器的颜色让人感觉到温暖、治愈，手工木器的质感用手一触就能感受到。而如果是儿童类的活动场合，应该选用较轻又不容易摔碎的材质，颜色整体也更倾向于丰富、活泼。

每一种食器的使用都代表当下的心情，无论是哪种材质或者风格，选择最适合当下心情的就对了。

从简单的盘子入手

在预算有限的情况下，可以先买一些好看的盘子，不必成套，但要有质感。刚开始的时候可以先选择简约的，颜色可以选择白色、浅灰色、米色等。一来它们不会喧宾夺主，抢去食物的风头；二来简单的颜色会比强烈的色彩更容易调和，不用花费太多心思就能让整体看起来和谐美观。

也可以试着备一些有花纹、花边或者装饰画面的盘子，比起普通的纯色盘子来说，它们也多了一点巧思在其中。

准备一些有趣的装饰

虽然简单的盘子容易操作，但如果视线里全是不起眼的餐盘，未免也有些无趣。这时候，我们出门经常爱搜罗的那些有趣的小物件就派上了用场。无论是可爱的古董装饰勺，还是颇具创意的下午茶蛋糕架，或是用日常收集的空酒瓶作成的花器，无论是啤酒瓶、威士忌酒瓶还是葡萄酒瓶，清洗干净绑上麻绳或者好看的丝带，错落的搭配在一起使用，有时候会成为餐桌布置的点睛之笔。

到哪里买好看的食器

除了在商场、网络上购买以外，还可以到旧货市场去淘各种各样的餐盘。无论是出国时去到的当地有名的跳蚤市场，还是离家不远的旧货摊，在一堆老旧物件里慧眼识珠，发现自己的心头好，那种感觉真是再美妙不过了。

但是旧货市场大多鱼龙混杂，如果你想体验一把从大海里捞出遗珠的感觉，一定要拿出十万分的耐心和细致，直到找到你的最爱。最重要的就是多看、多逛、多和老板聊天啦。

02

善用生活化物品
布置餐桌

虽说美食可以治愈人，如若匆匆忙忙的只为填饱肚子，总不及坐在餐桌前细细品味幸福。人类的眼睛天生"好色"，如果喜欢在家里做饭的话，不如花点时间把餐桌好好布置一番，可以大大提升吃饭时的幸福感。

不要小看餐桌上的艺术，它是一门综合性非常强的学科，包含了至少十几种不同领域的知识，比如布艺、瓷器、花艺、色彩搭配等等。首先根据风格与偏好选定你的色系，再根据色系，去选择你爱的鲜花、桌布、菜单、餐盘和食物的颜色，同时，利用生活化的物品搭配，一起布置一个美美的餐桌吧。

桌布是基调也是灵魂

布置美丽的餐桌，桌布是基调也是灵魂。首先要根据桌子的尺寸选择相应大小的桌布：如果家里的桌子本身就很漂亮，没有必要把它全部盖起来，铺上简单的餐垫或是桌旗就可以；如果桌子很旧或者颜色和当天的食物及你的心情不搭配，那么铺上一块漂亮的桌布会更好。

SETTING THE TABLE

　　我最喜欢的桌布材质是自然的棉麻布料，不管是从装饰角度还是实用角度来说都非常棒。在设计上，餐桌布也有不同的风格，有简约的北欧风，也有美式的复古风，还有清新的田园风，不同的桌布衬托出不同的环境感。

植物和花朵是最天然的装饰

　　植物和花朵是最简单又最令人赏心悦目的装饰，不管是什么样的餐点，都很适合用植物或者鲜花来搭配。颜色的选择很重要，要和桌布、器皿以及食物的颜色相搭配，不能太接近又不能毫无关联。如果用餐时需要相互交谈，花艺则不宜做得太高，以免遮挡视线。

　　为了节省时间，不需每次都去鲜花市场采买，也可以收集一些易于晾晒成干花的品种制作成干花，插在不同的器皿里，随时拿来使用。

用蜡烛增添氛围

　　要营造用餐氛围，没有比蜡烛更适合的了。将简单的蜡烛放在精致的烛台上，摆在桌子中间点燃，蜡烛散发出温暖的光，柔和的烛光辉映着微笑的脸庞，那大概是一天中最幸福和放松的时光。

　　烛台的选择有很多种，有高枝烛台和香熏烛台，也能多种组合使用，形成高低错落的立体感。铁艺制作的烛台也有它独特的美，尤其是北欧风格的烛台，用极其简约的线条勾勒出外形，非常适合放在吃饭的餐桌上。除了专门的烛台外，我还喜欢用红葡萄酒或者白葡萄酒的酒瓶做点缀，在瓶口扎上丝带或麻绳，也能让烛光摇曳出别样的景致。

　　现在还很流行精致的黄铜色烛台，插上几根长长的白蜡烛，顿时就有了西方宫廷里尊贵的晚宴之感。不过假如气氛并没有那么严肃，不妨使用一些矮矮胖胖的圆蜡烛，和桌花交相放置，相互辉映，别致又美丽。

03

美食摄影
有大学问也有小技巧

现在大家聚会时经常碰到的场景是：菜上来，刚想落筷，便有人喊着：先别吃，我先拍张照。这已经成为很多人的习惯。我自己做饭时也经常想要拍照上传到社交网站。为了把食物拍的更好看，我还特意去上了我特别喜欢的美食摄影师妍色老师的食物摄影课，虽然还没有学的很好，但对食物摄影的一些概念和要点基本了解了，接下来就是持续的练习了。本章节的一部分图片也来自于当时上课时在妍色老师指导下拍摄的作品。

一、尽量选用自然光进行拍摄

很多有质感的食物的照片都是在自然光条件下拍摄的，比如一面落地窗边的餐桌前，一束柔和的晨光打在食物上，这就是拍摄食物的最佳时机了。除了晨光外，午后、傍晚的光线都不错。

但一定要避开中午的直射阳光，如果光线是直勾勾地对着食物，那么画面会太过明

FOOD PHOTOGRAPHY

亮，而且食物的层次感会减弱，无法体现食物质感。这时不妨把食物稍微移一下位置，甚至有点儿阴影也没关系，或者尝试一下其他方向的光线出来的效果，比如用逆光或者侧逆光，你会发现，食物的质感会更细腻通透。

二、尝试不同的拍摄角度

一般情况下，大部分人习惯正面45°角拍摄，人坐着就能拍，最不费力。但总是这个角度拍出来的图往往缺少生动感，可以尝试不同角度的拍摄和构图。我自己常常使用平拍和俯拍两个角度。

平拍，即 0°角拍摄。适合食物本身体积感较强、有一定的厚度和高度、侧面细节也比较丰富的食物。比如摞在一起的饼干，三层的婚礼蛋糕，或者酒水饮料。平拍还会带入部分背景，食物在整体环境里更有故事性和氛围。

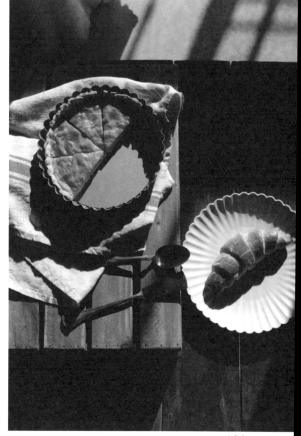

俯拍也是一种常见的拍摄角度，在食物本身色彩或场景丰富时比较合适，这种角度的拍摄能让整体画面非常有吸引力。常常运用于以下几种场景：用来展现比较圆满的画面或比较完整的结构，要表现多种食物，营造出一种琳琅满目的丰盛餐桌的感觉，或者需要拍摄完全扁平的食物，比如比萨等。

三、构图技巧

一张照片拍的好与不好，同一物体同样的光线拍出来差别很大，可能就在于构图的差别。而构图考验一个人的审美能力，是需要长时间积累的。不同的图片需求也会用到不同的构图，比如要拍摄一张海报，可能要在构图时大量留白，给后期设计留出空间。

常用的构图方式有三角形，对角线，中心构图等，多看优秀的摄影作品，对构图形成直观的认知。在不擅长复杂构图时，可以试试简约构图，比如试试在纯色背景下，只拍摄你想要呈现的那个食物，也很容易拍出简约美感。或者可以更大胆专注的拍摄某些

细节，比如，有蛋液流淌的鸡蛋、被咬了一口的奶油等，虽然不体现食物全貌，却能最大限度地突出食物的质地，引发食欲。

四、场景的搭建和道具的选择

美食摄影需要对场景有一定的驾驭能力，能够搭建出最符合拍摄主题的场景，让拍摄主角在这个场景中既能很突出的存在，不会被场景抢了风头，又能够被场景衬托的更加有质感。但场景搭建不好的话，什么东西都往桌上摆，可能就会一片杂乱。

拍摄场景基本都是由主体、合适的背景及道具组成。道具选择在食物场景的搭建中至关重要，书本，花朵，器皿，玩具等都可以成为美食拍摄的道具，但最好都能和主题相关和相配。一般而言，食物自身色彩丰富，层次分明，最好选用白色或单一色营造清爽感的背景。但如果食物本身比较简单，可以把场景设计的丰富一些，为拍摄营造更好的氛围。

五、图片后期处理

摄影最重要的当然是原图构图要适当，光线也要拿捏到位，但图片的后期处理也一样重要，强大的后期能够化腐朽为神奇，尤其是在弥补拍摄时的一些缺憾，比如光线不足时等。试着用各种修图软件来完善你的图片，调节亮度，对比度，饱和度等，以及选择不同的滤镜。我自己常用的有 VSCO，Snapseed，MIX 等。

04

食物造型师：
善用食物的魔术师

　　自从开始从事食物领域的工作，我逐渐了解到有一个叫作"食物造型师"的行业，在英文里，他们被称之为"Food Stylist"，我在 Instagram 上关注了很多食物造型师，每天学习和观察他们的创作。我深深为之着迷并且正在努力学习，我去欧洲多个国家考察，学习厨艺，也学习食物造型的艺术和食物摄影技能，并运用到日常食物和客户需求的创作中。

FOOD STYLIST IS LIKE A
MAGICIAN OF FOOD

食物造型师起源于欧美，是食物的专属化妆师，专门给食物"做美容"、"拗造型"，仿佛拥有魔法棒，轻轻一挥，再平凡的食物都能轻松展现出它最诱人、最完美的一面。在国内，随着广告业细分，国内餐饮行业也出现了对食物造型师的市场需求，他们往往和食物摄影师相互配合，共同创作拍摄出令人"垂涎欲滴"的作品，通过图片、视频等呈现在杂志、网络美食节目、电视广告和电影中，让那些食物看起来超级有食欲。虽然市场需求越来越大，但目前国内食物造型师的数量依然凤毛麟角。

食物造型师往往不是专业的厨师，厨师制作菜肴大部分是重复性的工作，每道菜的做法有统一的标准和制作流程，但造型师的工作每天都在创新，根据季节的变化，食材的不同，场景的不同创作出最符合当下场景的食物。毋庸置疑，食物造型师首先要了解食材，并且会烹饪食物。同时，食物造型师的工作也会涉及到餐桌和整个用餐场景的布置，是一个创作性极强的工作。这也是最吸引我的地方。

我现在也会为一些客户，比如餐厅、民宿主等设计食物造型和场景，也会做一些小型婚礼、私人宴会的餐桌设计，我更偏爱"取之自然"的食物造型、摆盘和布景方式，选用当地有特色的自然和食材元素，来达到符合主人想要表达的情感、季节和场景的需求等。

比如在为广州增城的宛若故里民宿设计食物造型和餐桌布置的时候，主人告诉我广州人很喜欢去周边吃农家菜，所以民宿餐厅找了一个很擅长做农家菜的阿姨，做出来的味道很棒，但是她希望这里的农家菜不要那么土。为此我们充分尊重当地阿姨的手艺，

保留了原有菜品的搭配和味道。但在菜品的呈现形式上用了一点点小心思，选用了简洁但有设计感的器皿，用芋头叶当餐垫，用芭蕉叶盛烧鸡，用路边采的野花或大叶的植物做桌花，搭配天然质朴的木质餐桌，去掉了"农家乐"的土气，又增加了些天真浪漫的野趣和生机勃勃。

食物造型是一种"精心设计"的艺术，但它不止是一种艺术，更是还原食物本身的仪式感。把食物当成有生命力的东西去处理，去营造。

CHAPTER 5
第五章

RITUAL OF FOOD

食物的仪式感

「食物的仪式感」
RITUAL OF FOOD

真正的食物美学，是愉悦的心理体验过程，更是一种确定的仪式感。

如今被频繁提及的"仪式感"，并不是多么高不可攀的东西。正如日本人在开饭之前总会认真地说一句"我开动了"那样，我们讨论食物美学，是为了对最日常的生活，始终保有一份感激和尊重。真正的食物美学，是愉悦的心理体验过程，更是一种确定的仪式感。

食物美学不仅仅是为了美，也因为食物从残酷的自然环境中生长出来并成为我们的养分是一件值得尊重的事；也因为我们为之洗手作羹汤的那个人是所爱之人；也因为等待一份蛋糕在烤箱烘焙、慢慢膨胀起来的时间，是缓慢而有意义的。

为了成就美，我们付出了时间和真诚，也应该获得同样分量的虔诚和感谢。而讲究食物美学，讲究美好的用餐体验，正是因为我们知道这一切源于对植物生长的爱，源于他人对我们的爱，源于我们对生活的爱。

蒋勋老师在他的书里写到："匆匆忙忙吃一顿饭的你，不会去爱你的生活；可是如果这样去准备、去享用一顿饭，你会爱你的生活，因为你觉得你为生活花过时间、花过心血，你为它准备过。当然我们真的太忙了，不可能每一天都这样费工，我只是建议朋友：是不是有可能一个礼拜的两天，如周休二日那两天，或者一天，或者一餐，坐下来跟家人好好吃一顿饭，恢复你的生活美学，从吃开始。"

当我们愿意对"吃"这件事重视起来，对每一份食材重视起来，不必刻意地郑重其事，却真诚地把自己的时间全然交付给与食物相处这件事情，便已经拥有了一种仪式感——它意味着，你正在认真学习好好爱自己这件事。

无论何时，想起桌子上的饭香、温暖的灯光，总会给人一种莫名的踏实感。

01

美好的一天从早餐开始

A WONDERFUL
DAY STARTS
FROM BREAKFAST

美好的一天从吃早餐开始。

吃早餐最认真的时候是读书时。每天早上都被妈妈揪出被窝，盯着吃完鸡蛋、喝完粥，才能出门上学。早餐就好像一种晨间仪式，必须要认真地执行，然后这一天才算真正开始，这一天才变得完整。

工作了以后，因为各种原因常常放弃早餐。想多睡一会儿又怕上班迟到，又嫌自己做早餐麻烦，而周围没什么好吃的，又或者只是因为懒。

于是，我们就拖着空空如也的身体，带着起床气，奔赴办公室。带着工作更重要的念头，用年轻做资本，就这样开始了一天的工作。

"做早餐太麻烦啦，我没时间！"

其实，做早餐也没有那么麻烦吧？

花 2 分钟煎个蛋，1 分钟热牛奶拌麦片。

或者备下各种面包、火腿和蔬菜，赶时间的时候胡乱夹在一起做个三明治，其实味道也不错。

一份美妙的早餐，最好有水灵灵的蔬菜。它们清新、清香，有泥土的气息和生命的气息。咬下去的时候，还要有一些脆爽，让汁液在唇齿间留香，体会一份蔬菜的新鲜和食物带来的感动。

此刻，从味蕾到饱腹，再到全身上下都充满元气，精神饱满地去迎接新的一天，才是一天完美的开始吧。

用一份简单而认真的早餐来开始新的一天，不只是胃得到了满足，身体获得了能量，更重要的是，有一种真实的幸福感和仪式感。

认真吃早餐，其实也是认真地对待自己。这样认真对待的人生，怎么会差呢？

这一节，我们为你准备了 3 个丰盛的早餐食谱。

042

Blueberry muffins with assam black tea
蓝莓松饼配阿萨姆红茶

INGREDIENTS
食材

中筋面粉 150g	**茶饮部分**
牛奶 150g	阿萨姆红茶 一包
鸡蛋 150g	水 250g
黄油 30g	黄糖 5g
砂糖 30g	牛奶 50g
盐 适量	盐 0.3g
香草粉 1g	
酵母 2g	
蓝莓 20g	
香蕉 40g	
糖粉 20g	
蜂蜜 50g	
装饰水果 50g	

李非：美好的一天从早餐开始，而美好的早餐则是从一杯红茶开始的。一杯热热的红茶下肚，胃慢慢暖起来，身体各个"零件"也开始复苏。有红茶相伴，把吃饭的速度放缓。慢节奏的早餐，会让人一天都感觉很怡然。

来自喜马拉雅山南麓的阿萨姆红茶，味道浓烈，带着一股麦芽香，清透鲜亮，是冬日茶饮的最佳选择。加上一份颜值与口感兼具的蓝莓松饼，既能满足口腹之欲，亦让精神感到富足。

HOW TO MAKE
制作步骤

① 将鸡蛋和砂糖隔热水充分打发。

② 拌入牛奶和液态黄油，打均匀。

③ 放入香草粉、酵母、中筋面粉和盐，快速搅拌成松饼糊，密封静置 1 小时。

④ 不粘锅加热，倒入 1 勺松饼糊，撒上几粒蓝莓。

⑤ 待一面定型之后，翻另一面煎上色即可。

⑥ 松饼从下到上依次循环摆放松饼、香蕉片、蜂蜜。最上层摆放装饰水果，淋上蜂蜜，撒上糖粉。

⑦ 阿萨姆红茶装入茶包，放入沸水中煮 4 分钟，取出茶包，茶壶内放入盐、黄糖和牛奶，从高处把茶水冲入茶壶即可饮用。

recipes

Celery egg pancake with oat and sesame
芹菜饼配燕麦芝麻粥

INGREDIENTS
食材

芹菜叶 50g

鸡蛋 200g

面粉 30g

盐 适量

五香粉 0.5g

食用油 10g

酵母 3g

燕麦芝麻粥

即食燕麦 30g

熟芝麻 5g

牛奶 150g

水 100g

　　芹菜带着一种独特的香味，既清新又浓郁，让爱的人垂涎欲滴，厌的人却避之不及。芹菜不仅清新解腻，安神降火，而且热量极低，是理想的健康瘦身食品。芹菜的茎和叶均可食用，茎杆口感清脆，可榨汁或做成沙拉生食，也可与其他食材一起炒熟后食用。比起芹菜茎，芹菜叶的味道更加浓烈，甚至有些微苦，因而常被弃之不用。殊不知，芹菜的营养成分多在叶中，只要做法得当，同样也是一道美食。

　　芹菜叶与鸡蛋烙成饼，配上一碗热乎乎的燕麦芝麻粥，一份色香味俱全又营养丰富的早餐就做好了。

HOW TO MAKE
制作步骤

① 芹菜叶洗净控干水。

② 鸡蛋打散，放入盐、五香粉、酵母和食用油搅拌均匀。

③ 放入面粉，调成糊状。

④ 放入芹菜叶搅拌均匀。

⑤ 不粘锅刷油，倒入面糊，烙成金黄色，翻面再烙。

⑥ 待两面都成金黄色后即可食用。

⑦ 即食燕麦加入水中煮软，再加入牛奶煮沸。

⑧ 最上层撒熟芝麻增加香气即可。

小贴士:
锅里一定要少刷油，芹菜蛋糊多放点，烙出来才有质感，一面烙好再翻另一面。

recipes

Chicken mushroom sandwich with coffee
鸡 胸 肉 香 菇 三 明 治 配 咖 啡

INGREDIENTS
食材

鸡胸肉 150g

香菇片 50g

生菜 20g

芝麻菜 10g

紫生菜 10g

番茄 30g

鸡蛋 50g

盐 适量

五香粉 1g

烧烤酱 20g

食用油 20g

黑胡椒粉 3g

全麦面包 1 个

李非：想要让你的一整天都充满能量，不妨试试"早餐吃肉"。做法简单、食材丰富的三明治，就是最经典的元气早餐。这道食谱里选用了鸡胸肉，鸡胸肉脂肪含量极低，腌制后用油煎便能使口感变得嫩滑。

三明治的搭配其实是很随心所欲的，若是起晚了，简单用面包夹个鸡蛋也还可以；若是时间充裕，不妨做的丰盛些，加的料越多，口感就越丰富。丰富的三明治补充身体能量，醇香的咖啡让身体清醒，在一天开始的时候，用全新的状态，去迎接每一个可能到来的惊喜。

HOW TO MAKE
制作步骤

① 将鸡胸肉用刀背砸扁。

② 放黑胡椒粉、烧烤酱、五香粉腌制半小时。

③ 蔬菜类洗干净控水，番茄切片。

④ 锅里放食用油，煎一个单面的鸡蛋。

⑤ 再放入香菇片，煸到半干状态。

⑥ 最后放入鸡胸肉煎熟。

⑦ 把所有的食材按照自己喜欢的顺序夹好即可。

小贴士：
香菇一定要煎到表面都上了颜色才够香，油少反而容易出味道。

02

认真对待每一顿饭

ENJOY EVERY
MEAL

我一直对美食有极大的兴趣，不是指怎么吃，而是指怎么做，以及如何能让更多人在忙碌的工作中感受美食带来的乐趣。更重要的是，从食物开始，带领我们好好生活。食物美学在人们的生活中极为重要，它不仅能满足人们"吃饭"最基础的需求，还能满足物质与精神的双重感受。

以前上班的日子，纠结中午吃什么几乎是每天的困扰。在繁忙的时候，人们对吃总是不那么在意，敷衍的食材，随意打发的外卖，匆匆忙忙地边看手机边咽下大口饭菜——"能吃饱就行啦！"

很多人在谈论食物美学时，往往钻入牛角尖，觉得食物美学追求的仅仅是一个"美"字。而我们认为，食物美学追求五感的满足，归根结底便是两个字——讲究。在哪里吃，吃什么，怎么吃，吃的是什么样的味道香气，通通都该讲究。

　　有些人听见讲究就皱眉，吃饭不就是为了活着吗？所以有人常用超市临关门前的剩菜来敷衍自己，总是点"应该还卫生"的外卖打发自己，用"差不多"的味道满足自己"差不多"的口味。

　　汪曾祺先生说："凡事不宜苟且，而于饮食尤甚。"失去了对食物的感觉和掌控，就有间接失去生活的危险，因为"吃"这件事，已经变成了对生活的全面体验。

　　不要总用超市临关门前的剩菜来敷衍自己，小黄瓜努力生长，披着朝露被摘下，不是为了让你看到它干瘪发皱的模样。

　　不要总是点"应该还卫生"的外卖打发自己，一份食物若是不曾被心爱和虔诚的手抚摸与烹饪，又怎能吐露它最好吃的秘密味道？

　　不要总是一边吃饭一边匆忙地干别的事情——赶路或是看手机，"吃"需要的是你全部的感觉器官，而不只是舌头与味觉。

　　食物的存在，不是为了让你囫囵吞枣。

　　我们一直在寻求热爱美食与食物周边美好事物之人，以分享与共创食物美学，追求

设计上的排列组合、精细雕琢和巧妙构思，令食物呈现出耳目一新的视觉效果。我们为了寻找一份好食材愿意开车到几十公里以外的山中，为了最好地发挥食材的效果而反复钻研尝试烹饪，为了摆出最赏心悦目的餐品不惜花上很多时间……

　　这是给自己的犒赏，也是给生活的答卷。愿所有对食物不敷衍的人，都会得到它的犒赏。

045

Claypot with cucumber soup
腊味煲仔饭配黄瓜汤

INGREDIENTS
食材

广式香肠 100g
辣味香肠 100g
鸡蛋 55g
油菜 100g
生抽 30g
葱油 10g
香菇 50g
糖 8g
食用油 10g
大米 200g
水 300g

黄瓜汤部分
玉米淀粉 8g
黄瓜 100g
盐 适量
香油 1g
水 300g

李非：要说经典粤菜，便不得不提煲仔饭。广东称砂锅为煲仔，煲仔饭即是用砂锅作为器皿做出来的美食。煲仔饭的精华在于光滑的煲底烧出的那一层锅巴，色泽金黄，不但脆而且滋味绵长，齿间留香，回味无穷，远非一般锅巴所能比拟。可在家却很难做出这层锅巴的风味。

在烧裂了数个砂锅后，我发现了一个适合家里的煎锅制作煲仔饭的快捷方法。那便是先把大米用油翻炒，炒至稍微变色时加入开水，大米很快就会粒粒分离，美味的锅巴也就出来了。

HOW TO MAKE
制作步骤

① 将油菜用开水烫熟备用。

② 将葱油、生抽、糖混合备用。

③ 将锅加入食用油烧热，放入大米翻炒 1 分钟。

④ 将炒好的大米倒入不粘的平底锅内。

⑤ 在大米上铺上切好的广式香肠、辣味香肠和香菇，加水使其刚好没过食材，盖上盖子，大火煮开转小火煮到饭熟，听到锅内发出米饭煎香发出吱吱的响声，说明有锅巴了。

⑥ 打开锅盖，扣在米饭上 1 个鸡蛋，再放入烫过水的油菜继续焖几分钟。

⑦ 鸡蛋黄见熟的时候就打开锅盖，淋入葱油、生抽和糖混合成的酱汁快速拌匀即可。

⑧ 汤锅里放入玉米淀粉和水，将其煮开，黄瓜切片放入其中，2 分钟后关火，调入盐和香油即成清爽解腻的黄瓜汤。

Focaccia bread with passion fruit juice
佛卡夏面包配百香果汁

INGREDIENTS
食材

高筋面粉 200g　　黑醋 8g

酵母 4g　　黑胡椒 1g

盐 5g　　橄榄油 15g

糖 8g　　百里香 2g

水 170g

橄榄油 10g　　**饮料部分**

油浸小番茄 30g　　蜂蜜 20g

迷迭香 4g　　百香果 80g

百里香 3g　　纯净水 1000g

橄榄油 20g

蜂蜜 5g

盐 适量

李非：佛卡夏面包是意大利的代表面包之一，形状扁平，通常会撒上香草，吃起来有点像披萨的饼底。刚烤好的佛卡夏面包外脆里嫩，趁热蘸橄榄油吃口感极佳。

佛卡夏面包经常作为各种配餐，或者是披萨的饼底；也被广泛用于制作三明治，搭配上一杯百香果汁，一份酸酸甜甜、清新感十足的早餐就做好了。

HOW TO MAKE
制作步骤

① 先制作佛卡夏面包，将高筋面粉、酵母、盐、糖、水、橄榄油混合揉成面团进行第一次醒发；在油布上撒上橄榄油，面团放在烤盘上压扁，撒上橄榄油用手 指压出小坑，铺上油浸小番茄、百里香和迷迭香等待第二次醒发； 把第二次醒发好的面团放入烤箱内，烤箱 200℃烤 25 分钟，至颜色金黄即可。

② 将橄榄油、黑醋、蜂蜜、盐、黑胡椒、百里香放在一个密封容器里摇匀，做成油汁。

③ 将佛卡夏面包放入预热好的200°C的烤箱里，烤5分钟后取出，蘸着橄榄油汁食用即可！

④ 百香果取汁，加入蜂蜜和凉开水，摇匀后即可食用。

Pesto grilled chicken sausage pizza with cashews

青酱烤鸡肉肠腰果披萨

INGREDIENTS
食材

高筋面粉 250g
低筋面粉 250g
水 300g
盐 7g
糖 15g
酵母 5g
小番茄 3-4 个
鸡肉肠 50g
马苏里拉芝士 70g
腰果 15g

酱汁部分
罗勒叶 100g
松子 15g
橄榄油 30g
帕玛森奶酪 10g
腰果 15g
蒜碎 5g
盐 适量
胡椒 适量

有些食物在你吃第一口时就会觉得是惊艳，这款披萨便是其中之一。香喷喷的烤鸡肉肠，新鲜浓郁的罗勒酱，配上腰果的香气，实在是太完美的搭配。

这款其实是意大利的经典披萨，很多地方称它为"魔鬼披萨"，而我们给它重新取了好听的名字，在原配方的基础上，增加了腰果和鸡肉肠，饱腹感很强。

HOW TO MAKE
制作步骤

① 低筋面粉、高筋面粉、水、盐、糖、酵母按比例揉成面团。发酵至 2 倍大左右，手工搓成薄饼，大约 1 个 9 寸大小。

② 鸡肉肠切丁，腰果捏碎，小番茄切成片。

③ 烤箱预热至 300℃。披萨饼底上抹一层青酱。均匀撒上鸡肉肠、腰果碎、小番茄、马苏里拉奶酪、罗勒叶，放入烤箱烤至金黄色。

03

一起下午茶吧

下午茶的历史可以追溯到英国17世纪，绵延至今，渐变成现代人的休闲习惯。英国贵族赋予下午茶以优雅的形象及丰富华美的品饮方式，配以精致的糕点，休闲的环境，下午茶被视为社交的入门，时尚的象征，是英国人招待朋友、开办沙龙的最佳形式。

由于下午茶并不是每天的正餐，所以不是每天都会有下午茶。当工作累了时，当需要找个时间和场所休息一下时，下午茶是不错的选择。

英国人最喜欢的下午茶时间，多集中在下午3点到5点半之间，优雅的氛围往往可以让人们感受到心灵的祥和与家庭式的温暖，从而舒解一天的疲劳。

现代职场中，一般午餐时间较早，到下午的时候便容易感觉到饿。如果吃的是中式午餐的话，更会容易犯困。此时来个下午茶，无疑是补充能量、打起精神的好办法。

AFTERNOON TEA

　　一天长时间的工作之后来份下午茶，劳逸结合，会使紧绷的神经稍微放松，身体和精神都得到休息。然后，再精力十足地完成这一天剩下的工作。这样的工作节奏，会让你对工作更有掌控感，又能在工作之余感觉到生活气息，对于工作也会更加喜欢一点吧！

　　而周末的休闲时光，下午茶也是非常好的选择。如今我们都越来越注意生活的质量与情趣，那么，在周末的午后举行一次小小的下午茶聚会，招待二三知己，既有气氛又加深了彼此之间的感情。

　　相比较于胡吃海喝，轻便的下午茶让我们能够更加细致地去品味食物，感受生活的节奏，倾听对方的话语。在愉快的氛围中，更加拉近彼此的距离，也留下了更多美好的回忆。

　　人生的闲暇时刻，我觉得应该都是像下午茶这样愉快而美好。本节的食谱用的都是非常简单常见的食物，一样搭配出下午茶的休闲感。

Cookies with lemon cheese sauce and white tea
柠檬乳酪酱配黄油饼干与白茶

INGREDIENTS
食材

低筋粉 75g

黄油 30g

细砂糖 30g

鸡蛋液 20g

盐 1g

柠檬奶酪霜部分

糖粉 25g

黄油 12.5g

鸡蛋 55g

柠檬汁 15g

奶油奶酪 20g

茶饮部分

福鼎白茶 10g

矿泉水 180g

李非：尝过的美食多了就会发现，有时候最简单的配方反而能做出来味道特别好的东西，就像最基础的黄油饼干。黄油饼干是很多人学习烘焙的第一道点心，其步骤简单，成功率很高。搭配柠檬乳酪酱别有一番风味。柠檬乳酪酱由柠檬汁和奶油一起熬制而成，是制作经典甜品柠檬挞的原材料，既保留了柠檬的清新味道，又去除了涩味。

停下忙碌的生活，选一个悠闲的午后，为好友亲手制作一盘黄油饼干，再泡上一壶白茶，把自己丢进那岁月静好的慢时光里。

HOW TO MAKE
制作步骤

① 黄油和奶油奶酪放置室温软化。

② 把细砂糖、盐倒入黄油中搅拌至颜色变成浅黄。

③ 加入蛋液搅拌均匀，筛入低筋面粉翻拌均匀。

④ 把黄油面团放在保鲜膜上，整理成圆柱形冷冻两小时。

⑤ 烤箱预热至 170℃，把冷冻好的黄油面团切 5 毫米厚片，放入烤箱烤 20 分钟至金黄。

⑥ 制作柠檬奶酪霜：鸡蛋打散，加入柠檬汁和糖粉混合均匀，隔水加热至黏稠，过筛以更细腻。黄油和奶油奶酪拌入柠檬鸡蛋糊中，均匀搅拌直到成为乳酪状态。

⑦ 柠檬奶酪霜抹在黄油饼干上，搭配白茶享用。

recipes

161

Grapefruit tea with chiffon cake
柚子茶配戚风蛋糕

INGREDIENTS
食材

柚子茶部分	戚风蛋糕部分
柚子肉 50g	鸡蛋 5 个
柚子皮 2g	低筋面粉 90g
冰糖粉 10g	细砂糖 80g
红茶部分	（50g 用于打发蛋白，
蜂蜜 5g	30g 加入蛋黄里）
红茶包 2 个	牛奶 50g
水 600g	植物油 50g

李非：北国的秋冬季节，万物日渐萧条，路边的道行树只剩下光秃秃的树枝，世界仿佛失去了色彩，幸好我们还有柚子。寒冷的天气里，最幸福的事莫过于在回家的路上，拐进水果店挑上一颗金灿灿、沉甸甸的柚子。

柚子可谓浑身都是宝，果肉爽脆，水分充足，口味清甜，吃剩的柚子皮还能用来制成蜂蜜柚子茶。蜂蜜柚子茶不仅味道可口，还具有理气化痰、润肺清肠的功效。

冬天的下午泡一杯热乎乎的柚子茶，搭配一块自己做的戚风蛋糕，窝在沙发里，安静地读一本书，这是再美好不过的下午茶时光了。

HOW TO MAKE
制作步骤

① 用电动打蛋器将蛋白打至粗泡状态，分三次加入细砂糖，持续打发至可呈现纹路的状态，最后把剩下的糖都加入，打发至干性发泡的状态（提起打蛋器的时候，蛋白能拉出一个短小直立的尖角）。

② 在另外一个打蛋盘里放入 5 个蛋黄和 30 克细砂糖，用手动打蛋器打匀至蛋黄颜色变浅，再边搅拌边加入植物油和牛奶。

③ 筛入低筋面粉，慢慢搅匀至光滑细腻无颗粒。

④ 蛋黄糊搅拌完毕后，取 1/3 蛋白霜入蛋黄糊中，用橡皮刮刀翻拌均匀；再取 1/3 的蛋白霜入蛋黄糊盘中，用橡皮刮刀翻拌均匀，最后把蛋黄糊盘中的面糊全部倒入剩下的蛋白霜盘中，完全翻拌均匀至光滑细腻无颗粒。

⑤ 把面糊倒入 8 寸蛋糕模中，在桌面上轻震几下，把蛋糕糊里面的大气泡震出来。

⑥ 烤箱预热至 180℃，烤 40 分钟左右。

⑦ 制作柚子酱：把柚子皮和柚子肉加入冰糖粉拌匀。 小火加热冰糖粉柚子混合物，熬至黏稠。加入红茶包和水，煮开。

⑧ 喝之前淋入蜂蜜，搅拌均匀，配戚风蛋糕食用即可。

050

Caramel vanilla ice cream with espresso
焦 糖 香 草 冰 激 凌 配 浓 缩 咖 啡

INGREDIENTS 食材

白砂糖 60g

水 6g

香草籽 1g

奶油 250g

牛奶 300g

蛋黄 60g

浓缩咖啡 50g

树莓 20g

蓝莓 30g

李非：炎炎夏日怎能少得了诱人的冰激凌？小时候最幸福的事，便是放学后到学校门口的小卖部里买上一个冰激凌，和要好的同学一路说说笑笑蹦着回家。长大后虽然不再对冰激凌恋恋不舍，但每每看见它还是抵抗不了其诱惑。

如果说冰激凌是童年的美好，那么咖啡就是成年的味道了，当冰激凌遇上咖啡，一种甜蜜中带着些许苦涩，让你沉醉又瞬间清醒的奇妙体验就诞生了。

HOW TO MAKE 制作步骤

① 锅内加入白砂糖和水煮成焦糖浆密封备用。

② 把牛奶、焦糖酱和香草籽混合煮到微沸 。

③ 倒入打发好的蛋黄液里搅拌均匀, 再用小火不停搅拌加热至黏稠。

④ 冷却后加入打发好的奶油。

⑤ 冷藏 2 个小时，取出搅打一次。

⑥ 再冷藏 2 个小时，再取出搅打一次，即成冰激凌。

⑦ 食用前冰冻好容器，放入冰激凌，用树莓和蓝莓装饰。

⑧ 用咖啡机打一杯浓缩咖啡，直接从冰激凌上方倒入杯中即可。

recipes

04

深夜食堂

大家可能对《深夜食堂》的漫画和电影并不陌生，讲的是东京新宿歌舞伎町巷弄里的一家从晚上零点营业到清晨 7 点的小餐饮店，每晚，店里由一位脸上带着疤痕的中年男子掌厨，看似凶神恶煞，实则是个标准暖男。

深夜食堂让大家感觉到温暖，深夜独自面对人生的孤独感，以及生理上的饥饿，很快就能被美食治愈，更因为深夜和食物的相处蔓延至和人、和自己的相处，能够感受到食物与故事的温度。

也许每个城市都有类似的角落，让那些忙碌打拼、寂寞哀伤的人，能有稍稍饱足休憩的片刻。又或者是，在自己的家中，把厨房变成深夜食堂，用美食来犒劳自己。

我想，和早上元气满满的仪式感不同，深夜食堂能够治愈的你，是完全不同的两种感觉。

日本文化里对于这些生活的小情绪和仪式感总是有非常深刻的观察，除了《深夜食

LATE NIGHT
CANTEEN

堂》，讲诉寻找记忆中味道的《鸭川食堂》、工作后独自一人走遍各处喝酒的《和歌子酒》都带有这样的调调。

深夜进食这件事情，总是伴随着工作的疲惫和独自一人面对人生的孤独感，却又因为有了食物，而多了一份温暖。

食物大概是最能治愈人的心情的了，并且是最容易获得的。当我们在深夜独自进食时，其实也是在借由食物审视自己，和自己对话。

深夜的食物，让我们能放下疲惫，卸下背负的重重外壳，让我们能稍事休息，重拾自我，回归生活，更多地关注生活中那些美好的事情。

不知道深夜进食的时刻，你会想起谁？

051

Fish and ships with shrimp

龙利鱼排配虾仁薯条佐塔塔酱

INGREDIENTS
食材

龙利鱼 5 根
虾仁 5 个
薯条 60g
盐 适量
白胡椒粉 适量
柠檬 半个

面糊部分
低筋面粉 100g
水 140g
白醋 5g
泡打粉 2g
橄榄油 3g
盐 少许

酱汁部分
蛋黄酱 25g
白洋葱 4g
酸黄瓜 4g

龙利鱼是深海鱼类，刺少肉多，爽滑鲜美，营养丰富，几乎没有任何鱼腥味。炸鱼薯条是著名的英国小吃，在这个基础上，这道菜里又加入了炸虾仁这个令人难以拒绝的家常美味，配上热薯条，蘸着最适合搭配油炸食物的塔塔酱，作为朋友聚会中的小食再合适不过了。

在每一个值得纪念的夜晚，邀上三五好友，举着一扎啤酒，碰杯欢呼，用一盘金黄的炸龙利鱼薯条为这个夜晚增添色彩。

HOW TO MAKE
制作步骤

① 水和低筋面粉按 2：1 的比例混合，加少许盐、干白、橄榄油、泡打粉，少许白醋，搅拌均匀制成炸糊。

② 龙利鱼、虾仁加少许盐、白胡椒粉、柠檬汁腌制 5-10 分钟。

③ 腌好的龙利鱼、虾仁蘸一下面粉，再均匀蘸上一层薄薄的炸糊，下油锅炸熟即可。

④ 薯条炸熟。

⑤ 蛋黄酱加洋葱和酸黄瓜，制成塔塔酱。

⑥ 龙利鱼、虾仁、薯条装盘，搭配塔塔酱食用即可。

Grilled beef meatballs with whiskey
烤牛肉丸配威士忌

INGREDIENTS
食材

李非：小时候逢年过节，最期待的菜不是大鱼大肉，而是那一盆香喷喷的丸子蟹肉煲。家里小朋友多，吃饭慢的话可就吃不到几个了。现在生活便利多了，随时都能吃到来自全国各地的丸子，有的肉香嫩滑，有的饱满多汁。

丸子口感细腻而百搭，出现在任何菜里都不显突兀。丸子经过烤制后，外焦里嫩，烤箱的高温让丸子的香气更加浓郁。刚烤好的丸子还很烫手，我们可能也等不及冷却下来，迫不及待拿起一个就咬，烫得嘴角呼呼地吹气也不罢休。夏天的夜晚，烤一盘丸子，倒一杯冰威士忌，一份幸福感满满的夜宵就完成啦。

牛肉 500g
洋葱 60g
鸡蛋 30g
梨汁 30g
巴马臣芝士粉 3g
黑胡椒 3g
盐 适量

酱汁部分
番茄酱 300g
橄榄油 80g
罗勒叶 10g
盐 2g
红彩椒 30g
黑胡椒 2g

意面部分
巴马臣芝士粉 3g
墨鱼面 200g
奶油 100g
罗勒叶 10g
威士忌 15g

HOW TO MAKE
制作步骤

① 将牛肉用料理机打成泥。

② 分次加入洋葱、鸡蛋、梨汁、黑胡椒和盐，顺时针搅拌。

③ 用手把肉泥握成小丸子，放入提前预热好的烤箱，200℃烤 30 分钟取出。

④ 把番茄酱、罗勒叶、红彩椒、盐、黑胡椒放入料理机打成酱，再放入锅中炒熟。

⑤ 把煮好的墨鱼面和烤好的牛肉丸倒入炒好的番茄酱里一同翻炒，临出锅前喷入少量威士忌，大火翻炒几分钟，取出装盘。

⑥ 撒上巴马臣芝士粉，再摆上新鲜的罗勒叶装饰。

⑦ 倒入一杯威士忌，加入冰块即可搭配饮用。

Ham egg noodles with lamb kebabs
火腿丁鸡蛋面配羊肉串

INGREDIENTS
食材

羊肉 250g

生抽 10g

香油 2g

孜然 10g

辣椒 10g

盐 适量

方便面 700g

火腿 100g

鸡蛋 110g

油菜 3 棵

水 1000g

李非：说起夜宵，每个人的记忆里都一定会有一碗方便面。不管是学生时代与室友们一起熬夜，还是工作后为完成报告而加班，又或是遇到喜欢的剧一不小心追到深夜，当肚子开始咕噜咕噜叫，第一个跑进脑海的念头，就是立刻煮一碗香气飘满整个屋子的方便面。再配上鸡蛋和火腿，可不就是方便面中的"顶配版"了嘛。若是冰箱里正好有羊肉，串个串儿拿来烤着吃，配着火腿鸡蛋丁面，就成了什么山珍海味也比不上的美食啦。

HOW TO MAKE
制作步骤

① 羊肉切丁，用生抽和香油抓一下。

② 羊肉丁用签子穿起来，烤箱预热至 220℃。

③ 把肉串放进烤箱，每一面烤 7 分钟，撒孜然、辣椒和盐调味即可。

④ 方便面放入水中，打一个鸡蛋进去，不要搅动，盖上盖子。

⑤ 火腿切丁。

⑥ 火腿丁、油菜和方便面调味料放入煮开的锅中，再煮 1 分钟即可。

CHAPTER 6
第六章
ENJOY THE PARTY FOOD
以 食 为 由 的 相 聚 之 美

「以食为由的相聚之美」

ENJOY THE PARTY FOOD

"一人食"在如今风行,但不可否认的是从古至今,"吃饭"本身就是一种社交行为,即使脱离与共同用餐对象之间的羁绊,却也割不断与整体用餐环境和其他用餐者的关联。

每天忙忙碌碌的你,有多久没有和家人、和朋友好好吃上一顿饭了?

"吃饭"也许看起来是很平常的事,反而容易令人忘记它除了满足胃的需求还有更多意义,忘记了这一刻只与食物和朋友有关,忘记了自己那份应当珍视的心情。

吃饭从不仅仅是吃饭,而是通过食物,与喜爱的人和珍贵的生活建立联系。在温暖的灯光下,喁喁私语或者笑作一团,轻柔的音乐在耳边回荡,悠闲的时光在指尖流淌,一切都是如此的美好。

无论是喜迎重要的节日，还是许久未见的老友重逢，无论是为了发展人际关系，还是简简单单的闲话家常，我们需要相聚。不必拘束于相聚时的外在形式，就着美食与亲朋好友畅谈交流，远远胜过表面的细节。

　　一直觉得，在生活的各个层面中，离幸福感和满足感最近，以及能传达心意和理念的最好载体，那就是食物了。一起做饭，一起进餐，一起体验生活的传统和日常，吃饭作为一种介质，呈现的是与亲友聚餐的生活方式。

　　有一次，某跨国企业的中国区总裁带朋友来工作室预约了一次私房菜，我们正要介绍一下工作室，结果这位平时在公司位高权重的老总像个发现宝藏的小孩一样，自己兴高采烈地向他朋友介绍起工作室的种种，每一个小物件的来源及旧物改造故事都讲得绘声绘色。

　　他那位朋友当时很讶异，原来这个合作伙伴还有这样的一面，除了生意，也会强调这样的品质生活。在私人生活与工作之外，在这样的场合，生活的丰富侧面就这样被延展开来，在不经意间和朋友进行了一次分享。

01

和你一起吃饭真是太好了

我们时常感叹"人生而孤独"，却也不得不承认，我们从不是独立存在的个体，我们不甘寂寞。

17世纪的英国诗人 John Donne（约翰·多恩）说：没有人是一座孤岛。

食物是连接人与人关系最古老而有效的方式。EatWith（一个私厨美食共享平台）的 CEO Susan Kim（苏珊·吉姆）说，"对我来说，聚会是与人们建立联系的一种方式。无论是家庭聚会，还是朋友举办的派对，这些小聚会总让我们真实地感受到自己与世界的连接。你要知道，食物可是促进人与人之间连接的最古老而有效的方式。"

相聚是忙碌生活的调剂和惊喜。在每个人都像陀螺般旋转不停的时代里，有个人说想见你，想邀请你来家中，为你做顿饭，与你聊聊天，跟你分享一些美好的东西。这个时候总会真切地觉得，自己仍被生活着顾着。

IT IS SO GOOD TO
EAT WITH YOU

在享用新鲜食物，与三五知己轻松愉悦的聚会中，那些敞开心扉的时刻，难得的聚会时光，都是真诚和信任、情谊和爱最好的印证。

一般人参加这类聚会的机会并不多，举办一场也实在费时费力。所以，若把聚会这个词换成"一起吃饭"，是不是多了一份温馨和随意，少了诸多压力和紧张呢？

朋友相聚需要的是许许多多轻松、自然、温暖的、一起吃饭的场合。

我之前的餐厅之所以叫"未满客厅"，也正是希望这里给人们带去的是健康的食物、放松的环境，传递人与人之间的信任感。希望以美食为媒，让饭局回归到日常的平静、美味和人情。

全球知名生活方式类杂志 *Kinfolk* 创办人之一 Nathan Williams（内森·威廉姆斯）把这样的场合称为"小聚会"。内森·威廉姆斯走访世界各地的人们，在几个小时当中融入对方生活，和他们一起享用食物，畅谈心声，并集结成一本书——《献给生活中的每一场小聚会》。这些生活中的小聚会，正是他创办杂志的灵感来源。世界各地的人与人之间，因为吃这件事发生着密切的联系。从英国到丹麦再到美国，即便隔着山川和大海，每一个地方的人们，都在自己的厨房中，用食材和双手创造着舌尖上的魔术。温暖而浓郁，热烈又自在，简单又厚实，在品尝充满爱的美食中，在与有趣的人的交谈中，真切感受着生活的温度。

回想之前的媒体生涯，每天都很忙碌，从不在意吃饭的时候心情如何，是否匆忙，也从不在意生活空间的杂乱无章。那时候的我也无法想象，食物对一个人的影响竟如此之大。

从创立"未满"工作室开始，我把自己向往的事情变成了事业，忙碌比之前尤甚，可生活却比从前丰富太多。

　　做饭这件事，总是与爱有关的，而追求与爱有关的事，自己也会变得有爱。

　　希望你能坐下来好好地和家人朋友在舒服的环境里吃一顿健康又合心意的饭菜，如同"未满"经常做的那样，为食客提供安静而不被干扰的环境，舒缓而轻松的音乐，特别定制的餐品，布置温馨的餐桌。在这里，告别手机，告别餐桌外的一切杂音，充分地享受生活的美好。

02

那些适合聚会吃的食物

食物是生活美学的开场白，也是人与人之间的最佳纽带，甚至是每一段亲密关系的起点。

一个舒适自在的环境，三五个谈天说地的挚友，用心准备的一桌子美食，这就是美好记忆的全部组成因素。

有人有酒有音乐之后，该配什么食物才合适呢？

适合聚会吃的食物，最好是可以分享的，如火锅、串串、烧烤、拼盘、披萨等。我为你涮块肉，你为我切一块披萨，一根木签上串的菜也要与你分享。

THE FOOD
SUITABLE FOR
PARTY

054

Hotpot
火 锅

INGREDIENTS
食材

火锅底料
小米辣 200g
干辣椒 300g
红葱头 50g
花椒 200g
菜籽油 2000g
豆蔻 10g
桂皮 15g
香叶 5g
草果 10g
小茴香 10g
三奈 10g
生姜 50g
大蒜 150g
冰糖 50g
香油 50g
八角 20g
甘草 5g
大葱 150g
罗汉果 30g
郫县豆瓣 400g
香菜根 40g
芹菜根 40g

没有火锅的冬天是不完整的。寒风吹起时，朋友间最心照不宣的一句话就是"今晚吃火锅吧"。

中华美食博大精深，种类繁多的火锅可以说是最具融合性的代表美食之一了，它可以让来自全国各地、口味截然不同的人吃到一块儿去。

火锅食材丰富，可以根据自己的喜好来进行挑选。不过吃火锅时可千万别含蓄，否则刚下锅的肉眨眼间就会被吃光了。

火锅还是非常适合家庭聚会的食物，不需要花很多时间准备，只需备好底料、买好新鲜食材，人手一副碗筷，就可以边聊天边涮火锅边享受聚会的美好时光啦。外面的火锅调料里大都有添加剂，如果能自制火锅调料，就更健康了。

HOW TO MAKE
制作步骤

① 干辣椒、花椒、豆蔻、桂皮、香叶、草果、小茴香、三奈、八角、甘草分别放少量水中浸泡一晚。

② 第二天，把干辣椒切碎控干水分，小米辣切碎，锅内放入大量菜籽油加热，放入大蒜、生姜、红葱、香菜根、芹菜根和大葱爆香。

③ 加入控干水份的所有香料翻炒出香味。

④ 加入冰糖、香油、郫县豆瓣、罗汉果和辣椒一同小火熬制到大泡转小泡。

⑤ 吃火锅时加入炒好的底料和水煮开就可以开涮了。

小贴士：
火锅底料熬好了可以冷冻保存，先冷冻再分装是个小技巧哦！用菜籽油熬出来的火锅底料煮火锅，身上不会有那么难闻的味道。

055

Plates of tapas
Tapas 拼盘

食材

法棍 1 根
帕尔玛火腿 2 片
萨拉米火腿 2 片
烟熏三文鱼 2 片
蟹味菇 30g
苹果 半个
牛油果 半个
樱桃小萝卜 2 个
千禧小番茄 2 个
黄油 10g
淡奶油 20g
黑橄榄 5 颗
蔓越莓干 10g
橄榄油 3g
盐 适量
黑胡椒 适量

Tapas 是西班牙的国粹小吃，几乎大餐厅和小馆子都有，一般是一块面包配各种各样的食材，肉类、奶酪、蔬菜、水果都可以，甜咸味也都有。

Tapas 看上去毫不起眼，但是配什么都非常好吃；它给人感觉应该是来自市井的食物，却在衣香鬓影的西餐厅里也有重要的地位；它包容力惊人，变化多样，生来仿佛就是为了挑战人类的创造力。

在西班牙美食中，Tapas 与酒是孪生兄弟，总是形影不离。合适的份量和口感，不仅让它在佐酒方面发挥出色，也常常成为人们午饭与晚饭之间的消遣。

因 Tapas 口味丰富和佐酒的特性，常是聚会美食的最佳选择之一。

HOW TO MAKE
制作步骤

① 法棍切片，一半放黄油，一半不放，预热烤箱至 200℃，面包放入烤箱烤 1 分钟至起脆，黄油化开渗透到面包中。

② 苹果、牛油果、千禧小番茄、樱桃小萝卜等食材切片，淡奶油打发待用。

③ 热锅放入橄榄油，煎蟹味菇至熟，放入海盐和胡椒调味。

④ 烟熏三文鱼、帕尔玛火腿、萨拉米火腿、煎好的蘑菇和蔓越莓干、黑橄榄等自由组合，放在带有黄油的法棍上，制成咸味儿 Tapas。

⑤ 打发的淡奶油抹在没有黄油的法棍上，上面放切好的苹果、牛油果、小番茄、樱桃小萝卜，搭配坚果碎，制成甜味水果 Tapas。

recipes

056

Kale& pepper pie
羽衣甘蓝甜椒双拼咸派

INGREDIENTS
食材

低筋面粉 250g

黄油 110g

糖粉 30g

纯净水 70g

盐 适量

羽衣甘蓝 60g

淡奶油 100g

鸡蛋 2 个

腰果碎 20g

红黄甜椒 60g

培根 20g

　　总有些食物让你相见恨晚，咸派就是这样的存在。这种乍听起来口感或许怪异的食物，是法国传统炉烤美食，但它并非你印象中精致昂贵的法式料理。

　　咸派是法国人的家常菜，甚至朴实到带着些乡土气息，法国人的正餐或是点心中都能看到它的身影。烤得松软的派皮上填满了奶香浓郁的柔软馅料，清新的羽衣甘蓝香气无穷，点缀其中的培根粒又让其散发出咸鲜的滋味。为朋友们烤上一份别出心裁的咸派，给平淡的生活留下一抹法式风情，分享生活中的小确幸。

HOW TO MAKE
制作步骤

① 黄油常温软化后加入糖粉，用刮刀搅拌均匀，分次加入全蛋液，搅打均匀至完全融合。

② 低筋粉和盐筛入黄油糊中，用刮刀翻拌均匀，用手轻轻抓成面团，用保鲜膜包起来，入冰箱冷藏 20 分钟。

③ 将淡奶油和鸡蛋以 1：1 的比例融合，加入盐，混合成蛋奶液体，分成 2 份。

④ 制作羽衣甘蓝馅：将羽衣甘蓝撕成小块，洗净甩干放入其中一份蛋奶液体中，加入腰果碎搅拌均匀。

⑤ 制作甜椒馅：培根切成碎，红黄两色甜椒洗净去芯，切成 1 厘米宽的丝加入海盐搅拌。烤箱预热至 180℃烤 15 分钟左右，将甜椒放入烤至半软状态后取出，和培根碎一起倒入另一半蛋奶液体中，搅拌均匀。

⑥ 将面团从冰箱取出，案板上铺一层保鲜膜，将面团擀开成 0.5cm 左右的薄片，放入派模中，底部及四周按压紧实，去掉多余边角。

⑦ 派皮边缘刷一层蛋液，用牙签给派皮扎一些小眼，防止烤的时候鼓起，静置 15 分钟。

⑧ 分别将羽衣甘蓝馅和甜椒馅倒入派壳中，烤箱预热至 180℃，分别烤 20 分钟左右。烤熟的派切开，间隔摆放成为双拼咸派。

recipes

03

如何举办一场小聚会

总有一些人，让你愿意从城东跑到城西，穿越茫茫人海与其相遇。

《小王子》中的狐狸说，"它（仪式）就是使每一天与其他日子不同，使某一时刻与其他时刻不同。"

不妨挑一个节日，或者随便一个普通的日子，在家里举办一场小聚会，让这一天与众不同吧。

一、确定你的聚会主题

当你脑海中浮现出办一场小聚会的想法时，聚会的主题十有八九也就出来了。或许是时逢佳节，或许是生日派对，或许是多年未见的老友相见，或是偶得珍贵的食材，又或者只是简单的想见见朋友，都可以成为举办小聚会的理由。

若是一场节日聚会，不妨花点时间了解节日的来龙去脉、文化典故，再确定餐单和布置餐桌。若是生日派对，不妨多从寿星的角度出发，召集两三密友出谋划策，既要好玩又要难忘。

HOW TO THROW
A PARTY

若是偶得了珍贵的食材，或是在丰收的季节，办一场以某种食材为主题的小聚会，让每一个"吃货"流连忘返。

在确定了主题后，接下来一个很重要的工作是准备一张清单。

有时候，准备一场聚会可能是复杂而耗费心力的，想要顺利地完成这项"事业"，一定要时刻提醒自己准备一张清单，即便是简单的聚会也是必不可少的，它能让你的准备工作有条不紊地进行。

在开始前，先理清自己的预算、拟邀嘉宾、日程计划、采购清单，一个一个打钩完成。

二、符合主题的场地和布置

场地的选择和布置需要围绕着主题展开。在场地的布置上，主要有以下几个步骤。

1. 确定主色

如中秋宴会，可用黄色、橙色或深红色作为主色调，在素材的选择上尽量向此靠拢，营造出秋日里优雅丰盛和作为家宴愉快闲适的氛围，装点些细碎的鲜花、树叶或是新鲜的桂圆、桂叶，让人联想到广寒宫里的日日夜夜。圣诞主题的颜色则有红色、绿色、金色和紫色，搭配白色或银色元素，更有节日感。选择的主色不同，整体装饰的风格也就不同，带来的氛围感觉更是不同。

2. 利用蜡烛烘托气氛

蜡烛是一种极佳的用来调节气氛的照明方式，看到桌上摇曳的温暖烛光，连心都变得柔软起来。

选用枝状的长蜡烛会为整体营造出一种浓郁的古典氛围，配合小茶蜡使用还能使整张餐桌充满层次感。如果餐桌整体颜色丰富明快，选择蜡烛的颜色时可以尽量简单，比如可选用白色蜡烛，一样能收获美丽的体验。但如果有一些特色有趣的蜡烛，倒是可以选用一些，这样能把餐桌变得更有趣。

3. 餐具的颜色与材质决定风格

无论是想打造中式还是西式风格的家宴，都要注重通过餐具材质和颜色的选用来进行表达。

如果想把整体氛围营造得更为古朴，可以多选用木质餐具，如木盘、木板托等，或是选择白色、青花瓷色的盘子来传达中式的典雅。

4. 选择合适的花

盛放的鲜花总能让人最快进入美好的气氛。按照你的感觉和聚会的主题来选择花朵，把它们漂漂亮亮地插在容器里，无论是一个小小的水晶杯，还是细腰花瓶，甚至是一个南瓜。不要拘束于你的容器。如果喜欢传统的风格，不妨把它们扎成一束放在木篮中，更为家常和古朴。

5. 设置背景音乐

一场温暖的小聚会怎么能少得了动人的音乐。根据你聚会的主题来挑选合适的音乐，若是好友叙旧，可选择轻柔的背景乐，让大家不知不觉放松下来；若是节日聚会，不妨选择欢快的、节日氛围浓郁的歌曲，将愉悦的情绪传递到每个人心中。

三、流程安排

熟人聚会，有时不需要安排任何流程，让一切顺其自然地发生就很美好。若是陌生人聚会，提前制订一个合理的流程就显得至关重要。如何让彼此陌生的人逐渐打开心扉，融入到聚会氛围当中，是主人不得不考虑的问题。安排一场有趣又自然的暖场活动，才是避免聚会陷入尴尬境地的法宝。

有时候，我们也会为了"仪式感"来安排必要的环节。

四、邀请可爱的朋友们

万事俱备，只欠东风。聚会的所有准备已经就绪，就差可爱的朋友们了。

时间充裕的话，还可以用心准备一份邀请函。可以是简单的一张图片，也可以是心意满满的手写明信片。

用一封充满创意的邀请函，让朋友们无法拒绝吧！

美食家 Alice Waters（爱丽丝·沃特斯）说："予人灵感，令人欢喜，让我们更加充满希望，更加愉悦，更有想法。简而言之，更有生活着的感觉。"这就是"小聚会"对我们的意义所在。

让我们单纯地聚在一起，抚慰彼此的心灵。

图书在版编目（CIP）数据

不将就的餐桌: 食物是生活美学的开场白 / 霍萍, 李非著. —北京：
北京科学技术出版社, 2019.3
ISBN 978-7-5304-9808-8

Ⅰ.①食… Ⅱ.①霍…②李… Ⅲ.①菜谱－中国
Ⅳ.①TS972.182

中国版本图书馆CIP数据核字（2018）第193580号

不将就的餐桌：食物是生活美学的开场白

作　者：霍　萍　李　非
策划编辑：孙　爽
责任编辑：李　非
责任印制：李　茗
封面设计：阮元元
出版人：曾庆宇
出版发行：北京科学技术出版社
社　　址：北京西直门南大街16号
邮政编码：100035
电话传真：0086-10-66135495（总编室）
　　　　　0086-01-66113227（发行部）
　　　　　0086-01-66161952（发行部传真）
电子信箱：bjkj@bjkjpress.com
网　　址：www.bkydw.cn
经　销：新华书店
印　　刷：北京宝隆世纪印刷有限公司
开　　本：787 mm×1092 mm　1/16
印　　张：13
字　　数：282千字
版　　次：2019年3月第1版
印　　次：2019年3月第1次印刷
ISBN 978-7-5304-9808-8 / T · 1003

定　　价：88.00元